Montage von Schlauchschellen
mit Industrierobotern

von der Fakultät
Konstruktions- und Fertigungstechnik
der Universität Stuttgart zur Erlangung der
Würde eines Doktor-Ingenieurs (Dr.-Ing.)
genehmigte Abhandlung

vorgelegt von

Dipl.-Ing. Herbert Dreher
aus Riedhausen

Hauptberichter:	Prof. Dr.-Ing. Dr. h. c. mult. H.-J. Warnecke
Mitberichter:	Prof. Dr.-Ing. G. Lechner
Tag der Einreichung:	04. Mai 1994
Tag der mündlichen Prüfung:	06. Dezember 1994

Herbert Dreher

Montage von Schlauchschellen mit Industrierobotern

Mit 63 Abbildungen

Springer-Verlag
Berlin Heidelberg New York
London Paris Tokyo
Hong Kong Barcelona
Budapest 1995

Dipl.-Ing. Herbert Dreher
Fraunhofer-Institut für Produktionstechnik und Automatisierung (IPA), Stuttgart

Prof. Dr.-Ing. Dr. h. c. Dr.-Ing. E. h. H. J. Warnecke
o. Professor an der Universität Stuttgart
Fraunhofer-Institut für Produktionstechnik und Automatisierung (IPA), Stuttgart

Prof. Dr.-Ing. habil. Dr. h. c. H.-J. Bullinger
o. Professor an der Universität Stuttgart
Fraunhofer-Institut für Arbeitswirtschaft und Organisation (IAO), Stuttgart

D 93

ISBN-13: 978-3-540-59035-4   e-ISBN-13: 978-3-642-48028-7
DOI: 10.1007/978-3-642-48028-7

Geleitwort der Herausgeber

Über den Erfolg und das Bestehen von Unternehmen in einer markt-
wirtschaftlichen Ordnung entscheidet letztendlich der Absatzmarkt.
Das bedeutet, möglichst frühzeitig absatzmarktorientierte Anforderungen sowie deren Veränderungen zu erkennen und darauf zu reagie-
ren.

Neue Technologien und Werkstoffe ermöglichen neue Produkte und er-
öffnen neue Märkte. Die neuen Produktions- und Informationstechno-
logien verwandeln signifikant und nachhaltig unsere industrielle
Arbeitswelt. Politische und gesellschaftliche Veränderungen signa-
lisieren und begleiten dabei einen Wertewandel, der auch in unse-
ren Industriebetrieben deutlichen Niederschlag findet.

Die Aufgaben des Produktionsmanagements sind vielfältiger und an-
spruchsvoller geworden. Die Integration des europäischen Marktes,
die Globalisierung vieler Industrien, die zunehmende Innovations-
geschwindigkeit, die Entwicklung zur Freizeitgesellschaft und die
übergreifenden ökologischen und sozialen Probleme, zu deren Lösung
die Wirtschaft ihren Beitrag leisten muß, erfordern von den Füh-
rungskräften erweiterte Perspektiven und Antworten, die über den
Fokus traditionellen Produktionsmanagements deutlich hinausgehen.

Neue Formen der Arbeitsorganisation im indirekten und direkten
Bereich sind heute schon feste Bestandteile innovativer Unternehmen. Die Entkopplung der Arbeitszeit von der Betriebszeit, inte-
grierte Planungsansätze sowie der Aufbau dezentraler Strukturen
sind nur einige der Konzepte, die die aktuellen Entwicklungsrich-
tungen kennzeichnen. Erfreulich ist der Trend, immer mehr den Men-
schen in den Mittelpunkt der Arbeitsgestaltung zu stellen - die
traditionell eher technokratisch akzentuierten Ansätze weichen einer stärkeren Human- und Organisationsorientierung. Qualifizie-
rungsprogramme, Training und andere Formen der Mitarbeiterent-
wicklung gewinnen als Differenzierungsmerkmal und als Zukunftsin-
vestition in *Human Recources* an strategischer Bedeutung.

Von wissenschaftlicher Seite muß dieses Bemühen durch die Entwicklung von Methoden und Vorgehensweisen zur systematischen
Analyse und Verbesserung des Systems Produktionsbetrieb ein-
schließlich der erforderlichen Dienstleistungsfunktionen unterstützt werden. Die Ingenieure sind hier gefordert, in enger Zusam-
menarbeit mit anderen Disziplinen, z.B. der Informatik, der Wirt-
schaftswissenschaften und der Arbeitswissenschaft, Lösungen zu erarbeiten, die den veränderten Randbedingungen Rechnung tragen.

Die von den Herausgebern geleiteten Institute, das

- Institut für Industrielle Fertigung und Fabrikbetrieb der
  Universität Stuttgart (IFF),

- Institut für Arbeitswissenschaft und Technologiemanagement (IAT)

- Fraunhofer-Institut für Produktionstechnik und Automatisierung
  (IPA),

- Fraunhofer-Institut für Arbeitswirtschaft und Organisation (IAO)

arbeiten in grundlegender und angewandter Forschung intensiv an
den oben aufgezeigten Entwicklungen mit. Die Ausstattung der
Labors und die Qualifikation der Mitarbeiter haben bereits in der
Vergangenheit zu Forschungsergebnissen geführt, die für die Praxis
von großem Wert waren. Zur Umsetzung gewonnener Erkenntnisse wird
die Schriftenreihe "IPA-IAO - Forschung und Praxis" herausgegeben.
Der vorliegende Band setzt diese Reihe fort. Eine Übersicht über
bisher erschienene Titel wird am Schluß dieses Buches gegeben.

Dem Verfasser sei für die geleistete Arbeit gedankt, dem Springer-
Verlag für die Aufnahme dieser Schriftenreihe in seine Angebots-
palette und der Druckerei für saubere und zügige Ausführung. Möge
das Buch von der Fachwelt gut aufgenommen werden.

                          H.J. Warnecke   H.-J. Bullinger

Vorwort

Die vorliegende Arbeit entstand während meiner Tätigkeit als wissenschaftlicher Mitarbeiter am Fraunhofer-Institut für Produktionstechnik und Automatisierung (IPA), Stuttgart.

Mein besonderer Dank gilt Herrn Prof. Dr.-Ing. Dr. h. c. mult. H.-J. Warnecke für die großzügige Unterstützung und Förderung, die zum erfolgreichen Gelingen der Arbeit beigetragen haben.

Herrn Prof. Dr.-Ing. G. Lechner danke ich für die Übernahme des Mitberichtes.

Bei Herrn Prof. Dr.-Ing. R. D. Schraft, Herrn Dr.-Ing. M. Schweizer und Herrn Dipl.-Ing. J. C. Spingler möchte ich mich für die Unterstützung und die Schaffung der optimalen Rahmenbedingungen zur Anfertigung meiner Arbeit bedanken. Der Vielzahl von Kollegen, die mich durch anregende Gespäche und konstruktive Kritik unterstützt haben sowie allen Studenten, die am Gelingen meiner Arbeit beteiligt waren, danke ich sehr.

Die regelmäßigen und kreativen Fachdiskussionen mit Herrn Dr.-Ing. G. Krüll und Herrn Dipl.-Ing. M. Kahmeyer waren sehr wertvoll für mein Weiterkommen und haben mir sehr viel bedeutet.

Meinen Eltern danke ich für die stete Förderung und dafür, daß sie die Voraussetzungen für meinen Werdegang geschaffen haben.

Ganz besonders bedanke ich mich bei meiner Frau Andrea, die mich stets motiviert und unterstützt hat und mir immer mit Verständnis zur Seite stand.

Stuttgart, im Dezember 1994   Herbert Dreher

Inhaltsverzeichnis

0   Abkürzungen und Formelzeichen

Lateinische Großbuchstaben

A_5	%	Bruchdehnung
A_g	%	Gleichmaßdehnung
C	-	Konstante
E	N/mm²	Elastizitätsmodul
EI	Nmm²	Biegesteifigkeit
$E_{FÄ}$	J	Formänderungsenergie
E_R	J	Reibenergie
F	N	Kraft
F_{AUS}	N	erforderliche Ausknickkraft
F_E	N	Eindrückkraft
F_{EIN}	N	Einfädelkraft
$F_{EIN_{Ak}}$	N	aktive Einfädelzusatzkraft
F_{EIN_E}	N	Einfädelkraft resultierend aus F_E
F_{EIN_Z}	N	Einfädelkraft resultierend aus F_Z
$F_{FÄ}$	N	Formänderungskraft
F_N	N	Normalkraft
F_R	N	Reibungskraft
F_{SP}	N	Spannkraft
F_X	N	Schnittkraft in x-Richtung
F_Z	N	Zusatzkraft
FW	-	flexible Welle
H	mm	Hub
I	A	Stromstärke
K	-	Knickpunkt
M	Nm	Moment
M_{ANZ}	Nm	Anziehdrehmoment der Schneckengewindeschelle
M_B	Nm	Biegemoment
M_P	Nm	Biegemoment an der Stelle P_V
M_{RB}	Nm	Rollbiegemoment
P	mm	Gewindesteigung
P_V	-	Verformungspunkt
PKW	-	Personenkraftwagen
Q	N	Querkraft
R	N	Reibungskraft
R_m	N/mm²	Zugfestigkeit

$R_{P0,2}$	N/mm²	0,2 % - Dehngrenze
S	-	Schrauber
SV	-	Steckverbindung
SGS	-	Schneckengewindeschelle
SGS-MWZ	-	Schneckengewindeschellen-Montagewerkzeug
U	V	Spannung elektrisch
WZ	-	Werkzeug
ZG	-	Zahnradgetriebe
ZRG	-	Zahnriemengetriebe

Lateinische Kleinbuchstaben

a_{Frei}	mm	Fügefreiraumbereich
b	mm	Länge Balken II
b_1	mm	Breite des Schneckengewindeschellen-Bandes
b_2	mm	Breite des Schneckengewindeschellen-Gehäuses
b_{SGS}	mm	Breite der Schneckengewindeschelle
b_{Sp}	mm	Spaltbreite
b_{WZ_1}	mm	Breite Formgebungselement 1
b_{WZ_2}	mm	Breite Formgebungselement 2
b_{WZ_3}	mm	Breite des Fügeelementes
c	mm	Hilfsgröße
d_{Frei}	mm	freier Durchmesserbereich
d_S	mm	Schlauchdurchmesser
d_{SGS}	mm	Schneckengewindeschellendurchmesser
d_{WZ}	mm	Durchmesser Formgebungselement
e	mm	Hilfsgröße
h	mm	Gehäusehöhe
k_f	N/mm²	Fließspannung
l_1	mm	Länge des Schneckengewindeschellen-Bandes
l_2	mm	Länge des Schneckengewindeschellen-Gehäuses
l_{FE}	mm	Länge der Fügestrecke am Fügeelement
l_G	mm	Länge des Schneckengewindes
l_{SGS}	mm	Länge der Schneckengewindeschelle
l_{VB}	mm	Anbiegelänge
l_{WZ_1}	mm	Länge Formgebungselement 1
l_{WZ_2}	mm	Länge Formgebungselement 2
l_{WZ_3}	mm	Länge des Fügeelements

m	-	Steigung
n	-	Verfestigungsexponent
n_{SCH}	1/s	Schrauberdrehzahl
p	bar	Druck
r	mm	Biegeradius bis Mittelfaser des Bandes
r_a	mm	Radius Außenfaser
r_{Frei}	mm	Halbmesserbereich
r_i	mm	Radius Innenfaser
r_m	mm	Biegeradius bis Mittelfaser des Bandes
r_N	mm	Hebelarm
r_{WZ}	mm	Radius des Formgebungselementes
s_E	mm	Eindrückweg
t	mm	Dicke des Schneckengewindeschellen-Bandes
t_E	s	Eindrückzeit
t_{Ein}	s	Einfädelzeit
t_F	s	Fügezeit
t_H	s	Handhabungszeit
t_M	s	Montagezeit
t_R	s	Rüstzeit
t_{SCH}	s	Schraubzeit
t_V	s	Verfahrzeit
v_E	mm/s	Eindrückgeschwindigkeit
v_Z	mm/s	Geschwindigkeit von F_Z
$w(x)$	mm	Auslenkung
$w_I(x)$	mm	Auslenkung von Balken I
$w_{II}(x)$	mm	Auslenkung von Balken II
w_s	mm	Auslenkung an der Bandspitze
x	-	Koordinate in x-Richtung
y	-	Koordinate in y-Richtung
y_F	-	Koordinate bei Fließbeginn
z	-	Koordinate in z-Richtung

Griechische Buchstaben

α_{AN}	Grad	Anfahrwinkel
α_{FA}	Grad	Fahnenwinkel
α_{FE}	Grad	Winkel am Fügeelement
β	Grad	Gehäusehalbwinkel

β_K	Grad	Keilwinkel
γ_G	Grad	Grenzanbiegewinkel
γ_{VB}	Grad	Anbiegewinkel
ε	%	Dehnung
ε_S	Grad	Steigungswinkel
ε_F	%	Dehnung bei Fließbeginn
μ	-	Reibungskoeffizient
σ	N/mm²	Spannung mechanisch
σ_x	N/mm²	Spannung in x-Richtung
σ_y	N/mm²	Zug-/Druckspannung, Spannung in y-Richtung
σ_z	N/mm²	Querspannung, Spannung in z-Richtung
φ_K	Grad	Knickpunktwinkel
φ_{WZ}	Grad	Formgebungswinkel
φ_{WZ_1}	Grad	Formgebungswinkel 1
φ_{WZ_2}	Grad	Formgebungswinkel 2
φ_{WZ_3}	Grad	Formgebungswinkel am Fügeelement
φ_{WZ_F}	Grad	Formgebungswinkel bei Fließbeginn

Häufig verwendete Indizes

A	bezogen auf die Stelle A
a	außen
E	Eindrücken
el	elastisch
i	innen
max	maximal
min	minimal
pl	plastisch
P	bezogen auf die Stelle P_V
S	bezogen auf die Stelle S
SGS	bezogen auf die Schneckengewindeschelle insgesamt
SL	bezogen auf den Schlauch
x	in x-Richtung
y	in y-Richtung
z	in z-Richtung

1 Einleitung

1.1 Problemstellung

Aufgrund der technischen Fortschritte des zurückliegenden Jahrzehnts wurden vor allem durch Innovationen in der Mikroelektronik und der Steuerungs- und Automatisierungstechnik neue Anwendungsgebiete im Bereich der Montage und Fertigung erschlossen. Im Bereich der Montage konnten die brachliegenden Rationalisierungspotentiale /1/ bisher jedoch nur teilweise erschlossen werden. Die Gründe hierfür liegen in der immer noch zunehmenden Variantenvielfalt der Werkstückspektren, den geringen Losgrößen sowie der Komplexität der Produkte /2/ und dem Fehlen an durchgängigen flexiblen Automatisierungslösungen bei schwierigen Montageaufgaben /3/.

Eine Sonderstellung in der Montage nimmt das Gebiet der Montage biegeschlaffer Teile (wie z. B. Kabel, Dichtungen, Schläuche usw.) ein. Diese Teile sind dadurch gekennzeichnet, daß sie fast nur Zugkräfte aufnehmen können und eine geringe Biegefestigkeit besitzen. Im Bereich der Kabelbaummontage wurden in den letzten Jahren erste Lösungsansätze entwickelt, die teilweise eine flexibel automatisierte Montage erlauben /4, 5/. Bei Dichtungen sind ebenfalls Montagebeispiele mit Industrierobotern bekannt /6, 7/.

Insbesondere bei der Montage von Schläuchen und der dazugehörenden Sicherungstechnik /8, 9, 10/ sind aber noch erhebliche Defizite bei flexiblen Automatisierungslösungen vorhanden. Die flexibel automatisierte Schlauchmontage ist bisher über den Einsatz im Labor /9, 10, 11/ nicht hinausgekommen, weil das Fügen der Schläuche isoliert von der unbedingt notwendigen Schlauchsicherungstechnik betrachtet wurde.

Der industrielle Einsatz von Industrierobotern zur automatischen Montage von Schlauchschellen zur Sicherung von Schläuchen scheiterte bisher daran, daß der Schlauch und die zugehörige Schlauchschelle quasi gleichzeitig über den Stutzen gefügt werden müssen. Zur Zeit sind keine Lösungen zur flexibel automatisierten Montage von Schlauchschellen auf dem Markt verfügbar.

Erste Ansätze zur automatisierten Montage von Schlauchschellen /12, 13, 14/ wurden bisher nur in Pilotanlagen getestet. Es existieren teilautomatische Vorrichtungen /15/, mit denen Schlauchschellen montiert werden. Die Mehrzahl aller anfallenden Arbeitsumfänge bei der Schlauch- und Schlauchschellenmontage wird jedoch manuell durchgeführt. Der Grund hierfür ist das Fehlen von grundlegenden wissenschaftlichen Erkenntnissen und technischen Lösungen für die speziellen Probleme, die bei der Montage von Schlauchschellen auftreten. Durch die Entwicklung von geeigneten flexibel automatisierten Lösungen für die Schlauchschellenmontage ist es möglich, bisher brachliegende Rationalisierungspotentiale freizusetzen. Besonders wichtig scheint, daß die isolierte Betrachtung des Schlauchmontageprozesses ohne die zugehörende Sicherungstechnik /16, 17/ auf eine ganzheitliche Betrachtung des Montageprozesses von Schlauch- und Schlauchsicherungstechnik ausgedehnt wird.

1.2 Zielsetzung und Vorgehensweise

Ziel dieser Arbeit ist es, das bestehende Defizit an grundlegenden Erkenntnissen zur Montage von Schlauchschellen zu beseitigen und durch eine systematische Vorgehensweise die bestehenden Automatisierungshemmnisse im Problemfeld "Schlauchschellenmontage" herauszuarbeiten und geeignete Lösungsalternativen zu erarbeiten.

Weitere Schwerpunkte der Arbeit sollen die wissenschaftliche Erarbeitung von Grundlagen über die montagetechnischen Eigenschaften von Schlauchschellen sowie die Entwicklung von Lösungsmöglichkeiten zur flexibel automatisierten Schlauchschellenmontage sein. Neben der theoretischen Aufarbeitung alternativer Konzepte und des Fügeablaufs soll die technische Machbarkeit der entwickelten Werkzeuge und Montageverfahren nachgewiesen werden, um eine Umsetzung der Forschungsergebnisse in die Praxis zu gewährleisten.

Aufbauend auf den Analyseergebnissen einer branchenübergreifenden Produkt- und Arbeitsplatzanalyse sollen die notwendigen Teilsysteme und deren Anforderungen für eine flexibel automatisierte Montage von Schlauchschellen abgeleitet werden.

Im Vordergrund soll die Entwicklung eines industrierobotergeführten Montagewerkzeuges stehen, mit dem eine flexibel automatisierte Montage von Schlauchschellen ermöglicht wird. Für die Werkzeugteilsysteme, deren optimale Realisierung nicht vom Stand der Technik abgeleitet werden kann, sollen alternative Lösungskonzepte entwickelt und jeweils die besten Lösungen zu einem Gesamtkonzept integriert werden. Die systematische Entwicklung und Auswahl von Lösungsprinzipien für die erforderlichen Fügeteilprozesse bildet die Grundlage für die Ermittlung der möglichen Einflußparameter auf den Fügeprozeß. Der Fügeprozeß soll in Vorversuchen experimentell und theoretisch untersucht werden, um die theoretischen Grundlagen für das ausgewählte Verfahren zu schaffen.

Als Nachweis der technischen Machbarkeit und zur Überprüfung der erarbeiteten Theorie soll eine Versuchsanlage zur flexibel automatisierten Schlauchschellenmontage aufgebaut und getestet werden. Anhand der Versuchsergebnisse sollen die potentiellen Einsatzgebiete und die Einsatzgrenzen des entwickelten Verfahrens aufgezeigt werden.

2 Ausgangssituation

2.1 Begriffe und Definitionen

2.1.1 Begriffe der Montage- und Handhabungstechnik

Die Begriffe Montage, Handhaben, Fügen, Industrieroboter und Speichern sind in der VDI-Richtlinie 2860 /18/ und der DIN 8593 /19/ erläutert. Die Begriffe Fügebewegung, Fügeteil, Basisteil, Fügeart, Fügelänge und Fügeraum werden analog /9, 20/ verwendet.

Begriffe, die im Zusammenhang mit der Montage von biegeschlaffen Teilen - insbesondere von Schläuchen - gebraucht werden, wie Greifraum, Verformungsgrad, Fügekraft, Fügestrategie, werden entsprechend den Definitionen aus /9/ verwendet.

2.1.2 Begriffe zur Schlauchschellenmontage

Im folgenden werden zum Verständnis der vorliegenden Arbeit Begriffe erläutert, die im Zusammenhang mit der Montage von Schlauchschellen stehen und bisher nicht oder anders definiert wurden.

Die _Schlauchsicherungstechnik_ ist der Überbegriff aller technischen Möglichkeiten, einen Schlauch auf einem Stutzen sicher und druckdicht zu befestigen. Hierzu zählen Schlauchschellen, Schlaucharmaturen und Schlauchbinder, wie sie in /21 ... 24/ genormt sind, und alle sonstigen Formen von Schlauchschellen.

Unter _Schlauchschellen_ versteht man Schlauchbefestigungselemente, die zwischen einem medienführenden Schlauch und einem Anschlußstutzen an mobilen und stationären Anlagen - unter bestimmten Betriebsbedingungen - eine dichte, druckfeste Verbindung herstellen und aufrechterhalten.

Eine _geschlossene Form_ bei Schlauchschellen ist dann gegeben, wenn die Schlauchschellen bei der Montage als geschlossener Kreisring vorliegen.

Von _offener Form_ wird gesprochen, wenn die Schlauchschellen bei der Montage in geöffnetem Zustand verarbeitet werden, d.h. es liegt kein in sich geschlossener Kreisring vor.

2.1.3 Begriffe zum Biegeumformen

Die Begriffe zum Biegen und Biegeumformen werden analog der DIN 8586 /25/ und den grundlegenden Arbeiten von Lange /26, 27/, Spur /28/, Ludwig /29/ und Oehler /30/ gebraucht.

2.2   Stand der Technik

2.2.1   Einsatzbereiche und Arten von Schlauchschellen

Eine Vielzahl von unterschiedlichen Schlauchschellen wird derzeit auf dem Markt angeboten. In <u>Bild 1</u> werden die wichtigsten Schlauchschellentypen hinsichtlich Schellenart und Einsatzbereich dargestellt.

Schellenart	Erläuterungen	Einsatzbereich	Bild
Schneckengewinde-schelle (DIN 3017, Teil 1)	Durch eine Schneckenschraube, die sich in einem Gehäuse befindet, kann mit Hilfe eines verzahnten Stahlbandes der Schellendurchmesser variiert und die Schelle selbst befestigt werden.	- Automobilindustrie - Weiße-Ware-Industrie - Werkzeug und Maschinenbau - Chemieindustrie - Heizung, Lüftung - Sanitär, Pneumatik - Flugzeugbau	
Schlauchschelle mit Spannbacken (DIN 3017, Teil 2)	Die aus einem Band gefertigte Schelle wird durch eine Verschraubung an den Flanschen, an denen sich Spannbacken befinden, zusammengedrückt.	- militärisches Gerät - Befestigung von Gummischläuchen, Gummimanschetten auf Rohrenden oder Schlauchstutzen - Schiffahrt	
Schlauchschelle mit Rast-mechanismus	Die aus Kunststoff hergestellte Schelle wird mit einer Handzange an ihrem Einrastverschluß zusammengedrückt.	- Labortechnik - Medizintechnik - Automobilindustrie	
Federbandschelle	Die selbstspannende Schelle aus Federstahlband hat im unbelasteten Zustand eine vom Kreis soweit abweichende Grundgestalt, daß in der Arbeitsposition auf dem Schlauch eine möglichst gleichmäßige Radialkraftverteilung erreicht wird.	- Automobilindustrie - Weiße-Ware-Industrie	
Federdrahtschelle	Die selbstspannende Schelle aus Federstahldraht hat im unbelasteten Zustand eine vom Kreis soweit abweichende Form, daß in der Arbeitsposition auf dem Schlauch eine möglichst gleichmäßige Radialkraftverteilung erreicht wird.	- Automobilindustrie - Weiße-Ware-Industrie	
Ohr-Klemme	Die aus einem Metallband hergestellte Schelle hat ein oder zwei Ohren, die beim Zusammendrücken mit einer Spezialzange zur Abbindung führen.	-bei raumsparenden oder rotierenden Teilen -Automobilindustrie	

<u>Bild 1:</u>   Arten von Schlauchschellen

Es liegen zur Zeit keine Daten über die Verteilung der eingesetzten Schlauchschellen vor. Notwendige Daten für die Planung von Anlagen zur Montage von Schlauchschellen insbesondere bezüglich

- der vorkommenden Durchmesserbereiche,
- der verwendeten Schlauchschellenarten und
- der branchenbezogenen Einsatzzahlen

sind derzeit nicht verfügbar.

Je nach Art einer Schlauchverbindung und den daraus resultierenden Anforderungen an die Schlauchschelle, wie

- notwendige Dichtigkeitswirkung,
- Druckfestigkeit,
- Temperaturbeständigkeit,
- Raumbedarf,
- Montagefreundlichkeit,
- Demontagemöglichkeit
- und Zuverlässigkeit

werden nach /15/ derzeit drei Schellenarten am häufigsten eingesetzt:

1) Schlauchschelle mit Schneckengewinde nach DIN 3017 /21, 31/
2) Federband- bzw. Federdrahtschelle /32/,
3) Ohrklemmen /33/.

2.2.2   Montage von Schlauchschellen

Manuelle Montage

Schlauchschellen mit geschlossener Form werden vor dem Schlauchmontageprozeß auf den Schlauch aufgeschoben, anschließend wird der Schlauch auf den Anschlußstutzen montiert. Als nächstes wird die Schlauchschelle in eine Position gebracht, in der sie den Schlauch und den Anschlußstutzen umschließt. Jetzt wird bei der Schneckengewindeschelle die Schraube angezogen, bei der Federklemmschelle die Aufweitungskraft weggenommen und bei der Ohrklemme das Ohr zugedrückt, um eine Radialkraft zu erzeugen, mit der die Schelle den Schlauch auf den Anschlußstutzen drückt.

Für diese Montagetätigkeiten hat der Werker lediglich Schraubendreher, Aufweitwerkzeuge bzw. Klemmzangen als Montagewerkzeuge zur Verfügung. In der Regel werden diese Werkzeuge manuell betätigt und nicht angetrieben. Teilweise werden angetriebene Werkzeuge, z. B. pneumatische Schrauber oder Zangen eingesetzt. Diese Art der Schlauch- und Schlauchschellenmontage dominiert derzeit in der industriellen Anwendung.

Bei Schlauchschellen mit offener Form ist der Montageprozeß der Schlauchschelle vollständig vom Schlauchmontageprozeß getrennt. Der Werker legt die Schlauchschelle an die fertige Schlauch-Stutzen-Verbindung an und drückt die beiden Enden von Hand oder mit Hilfe einer Zange zusammen, um dadurch die zur Abdichtung notwendige Radialkraft entsprechend der verwendeten Schlauchschelle zu erzeugen.

Mechanisierte Montage

Teilweise werden auch spezielle Betriebsmittel zur Schlauchschellenmontage eingesetzt. In diesen Fällen wurden für einzelne Produkte Betriebsmittel entwickelt, die es erlauben, für dieses eine spezielle Produkt einen halbautomatischen Schlauchschellenmontageprozeß durchzuführen. Der Werker legt den Schlauch und die Schlauchschelle lagerichtig in eine Vorrichtung ein und löst den Montagevorgang aus. Nach erfolgtem Montageprozeß entnimmt der Werker die komplette Baugruppe aus der Vorrichtung, legt diese ab und beginnt den Ablauf erneut.

Nachteile:
- nicht flexibel, Vorrichtung kann nur für ein spezielles Produkt eingesetzt werden
- Baugruppe darf nicht zu groß und zu schwer sein, denn die Baugruppe muß vom Werker gehandhabt werden

Vorteile:
- durch Spezialwerkzeuge ist eine Montage an schlecht zugänglichen Montagestellen möglich
- Arbeitsentlastung des Werkers

Automatisierte Montage

In der industriellen Praxis werden derzeit noch keine Schlauchschellen flexibel automatisiert mit Industrierobotern montiert. Bekannt sind einzelne starr automatisierte Montageanlagen in denen Schlauchschellen montiert werden.

2.2.3   Stand der Forschung

Es sind Forschungs- und Entwicklungsarbeiten /9, 10, 11/ bekannt, die sich zwar mit der Montage von Schläuchen beschäftigen, aber auf eine Sicherung der hergestellten Schlauchverbindungen nicht eingehen.

Zur Montage von Schlauchschellen mit Industrierobotern sind lediglich drei Forschungsansätze bekannt.

Bei der ersten Anwendung /12/ werden handelsübliche Schneckengewindeschellen nach DIN 3017 /21/ verwendet. Ein Spezialgreifer ermöglicht es, die Schlauchschellen gleichzeitig zum Greifen der Schläuche zu verwenden. Nachteilig bei diesem Konzept ist die lange Montagezeit durch das mehrmalige Auf- und Zuschrauben der Schlauchschelle und vor allem die Tatsache, daß die notwendigen Greif- und Fügekräfte für die Schlauchmontage über die Schlauchschelle auf den Schlauch übertragen werden müssen.

Der zweite Pilotversuch /13/ wurde mit geschlossenen Klemmringen und einer separaten Maulpresse zum Fügen der Klemmringe durchgeführt.

Mit einem Doppelarmroboter werden bei der dritten Anwendung PVC-Schläuche mit Federdrahtschellen auf dem Anschlußstutzen eines Niveauschalters montiert /34/.

Bei allen drei Automatisierungsansätzen stellt die geschlossene Form der Schlauchschellen ein elementares Automatisierungshemmnis dar. Dies ist auch der Grund, weshalb diese Ansätze nicht über einen Laborversuch hinaus in der industriellen Praxis zum Einsatz kamen.

3 Analyse der Montageaufgabe und des Produktspektrums und Ableitung von Anforderungen an flexibel automatisierte Systeme zur Montage von Schlauchschellen

3.1 Analyse des Produktspektrums

Als Grundlage der Analyse dienten die Daten aus umfassenden Analysen /15, 35/, dem statistischen Jahrbuch der BRD 1991 /36/ und zwei Markterhebungen /37, 38/. Nach /36/ und eigenen Hochrechnungen werden

- in der Automobil- und Automobilzulieferindustrie ca. 241 Mio. Schlauchschellen pro Jahr und
- in der Weiße-Ware-Industrie ca. 129 Mio. Schlauchschellen pro Jahr

montiert. Daraus läßt sich ableiten - da in diesen Industriezweigen die Mehrzahl der Produkte in der Serienmontage montiert wird - daß in diesem Bereich ein bedeutendes Rationalisierungspotential durch die flexible Automatisierung der Schlauchschellenmontage besteht.

Zusätzlich zu /9/ wurden zur Ermittlung der relevanten Daten bei der Schlauchschellenmontage acht unterschiedliche PKW und dreizehn Wasch- und Geschirrspülmaschinen untersucht. Des weiteren wurden in neun Firmen aus den Branchen Automobilindustrie, Weiße-Ware-Industrie, medizinische Geräteindustrie und dem Anlagenbau Montagearbeitsplätze, an denen Schlauchschellen montiert werden, analysiert.

3.1.1 Klassifizierung von Schlauchschellen

Schlauchschellen können nach unterschiedlichen Kriterien klassifiziert werden. Die für eine flexible Automatisierung wichtigsten Klassifizierungsmerkmale zeigt <u>Bild 2</u>. Durch diese Klassifizierung von Schlauchschellen kann in der Praxis sehr schnell eine Einordnung von Schlauchschellen erfolgen, um z. B. abschätzen zu können, ob ein Schlauchschellentyp für eine Automatisierung geeignet ist oder nicht.

Für die Überprüfung der Montagefreundlichkeit sind vor allem die Einteilungsmöglichkeiten

- nach Art der Schellenform und
- nach Art der Montage

maßgebend.

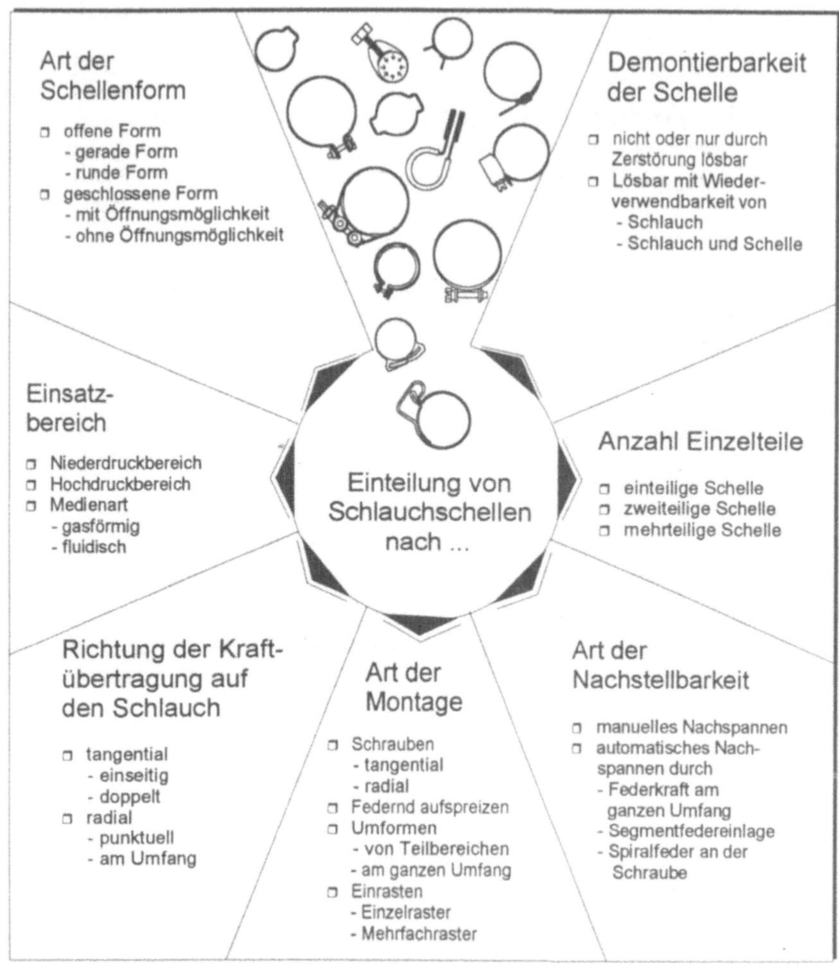

Bild 2:   Klassifizierung von Schlauchschellen

Je nach Montageart sind die Schlauchschellen mehr oder weniger für eine Automatisierung des Fügeprozesses geeignet. Bei der Planung von Anlagen zur Schlauchschellenmontage und der damit verbundenen Auswahl von geeigneten Schlauchschellen müssen bei Planungsbeginn alle bekannten Einteilungsmöglichkeiten berücksichtigt werden. Die Demontierbarkeit von Schlauchschellen ist vor allem für den Kundendienst und bei einer Produktrücknahme mit anschließendem Recycling wichtig. Die Anzahl der Einzelteile beeinflußt die Herstellkosten und die automatische Handhabbarkeit, während die Richtung der Kraftübertragung auf den Schlauch und die Art der Nachstellbarkeit wichtige Kenngrößen für den problemlosen Betrieb eines PKW oder einer Waschmaschine darstellen. Die Einsatzbereiche werden in der Regel durch die Hersteller der Schlauchschellen vorgegeben. Bei Schlauchschellen, die in offener Form montiert werden, kann die Schlauchschelle zeitlich und örtlich unabhängig vom zu sichernden Schlauch montiert werden. Die Klassifizierung nach der Schellenform zeigt Bild 3.

offene Form		geschlossene Form	
Schlauchschelle kann ohne Zusatzaufwand am Schlauchumfang befestigt werden. Trennung von Schlauchmontage- und Schlauchschellenmontageprozeß möglich.		Schlauchschelle muß quasi-gleichzeitig mit dem Schlauch montiert werden oder die Schlauchschelle muß vor dem Schlauch-schellenmontageprozeß geöffnet werden.	
offene gerade Form	offene runde Form	mit Öffnungsmöglichkeit	ohne Öffnungsmöglichkeit
Beispiel: Schneckengewindeschelle in gestrecktem Zustand	Beispiel: Schlauchschelle mit Rastmechanismus	Beispiel: Schneckengewindeschelle	Beispiel: Einohrklemme

Bild 3: Klassifizierung von Schlauchschellen nach ihrer Form

3.1.2 Häufigkeitsverteilung der Schlauchschellenarten

Die Analyse der Montagearbeitsplätze hat gezeigt, daß pro Produkt und pro Baugruppe unterschiedliche Arten von Schlauchschellen beliebig nebeneinander eingesetzt werden. In der Automobilindustrie dominiert eindeutig die nach DIN 3017 genormte Schneckengewindeschelle, denn 64,3% aller montierten Schlauchschellen in der Automobilindustrie sind Schneckengewindeschellen. In der Weiße-Ware-Industrie dagegen werden vorwiegend Federdrahtschellen eingesetzt.

Mit insgesamt ca. 162 Mio. eingesetzten Stück dominieren die Schneckengewindeschellen vor den Federdrahtschellen (107 Mio.) und den Federbandschellen (39 Mio.). Bild 4 zeigt die Häufigkeit der Schlauchschellenarten.

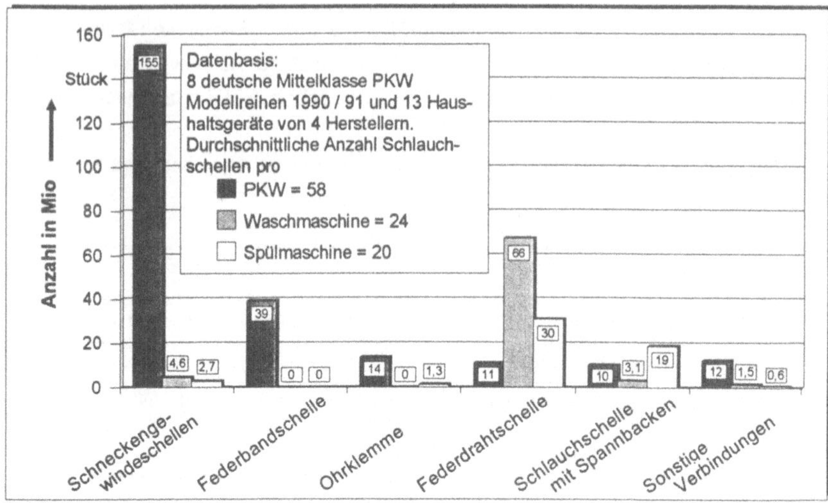

Bild 4: Anzahl montierter Schlauchschellenarten in der Automobil- und Weiße-Ware-Industrie 1991

3.1.3 Durchmesserbereiche

Die Schlauch-Stutzen-Verbindungen im PKW oder bei Hausgeräten sind durch eine große Varianz bezüglich ihres Durchmessers gekennzeichnet (Bild 5).

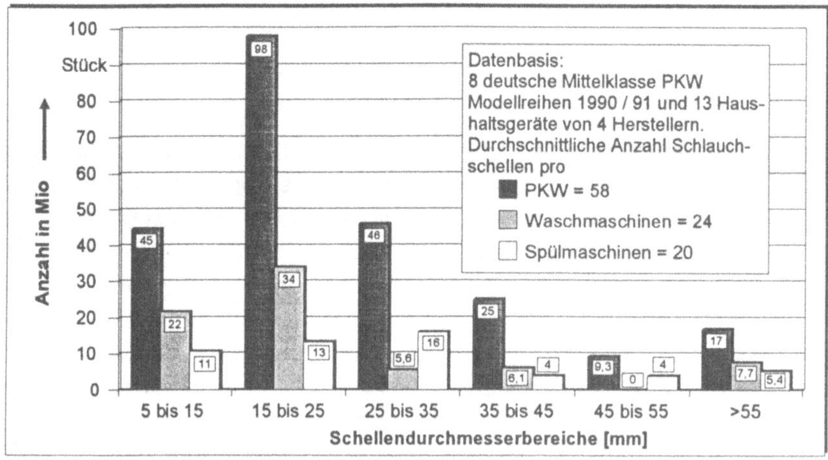

Bild 5: Anzahl der Schellendurchmesserbereiche in der Automobil- und Weiße-Ware-Industrie 1991

Bild 5 zeigt die Häufigkeit der vorkommenden Druchmesserbereiche nach Branchen geordnet. In den untersuchten Bereichen liegen 69 % aller eingesetzten Schlauchschellen in dem Durchmesserspektrum zwischen 15 mm und 45 mm.

3.2   Arbeitsplatzanalyse

3.2.1   Fügefreiraum

Der Fügefreiraum ist definiert als der Raum, der während der Montage vom Werker oder von einem Montagewerkzeug genutzt werden kann, ohne mit dem Produkt zu kollidieren (Bild 6). Der Trend zu leistungsstärkeren Motoren auf kleinerem Raum in der Automobilindustrie oder die immer kompakter werdende Bauweise von Haushaltsgeräten führt dazu, daß der vorhandene Fügefreiraum bei der Montage immer kleiner wird.

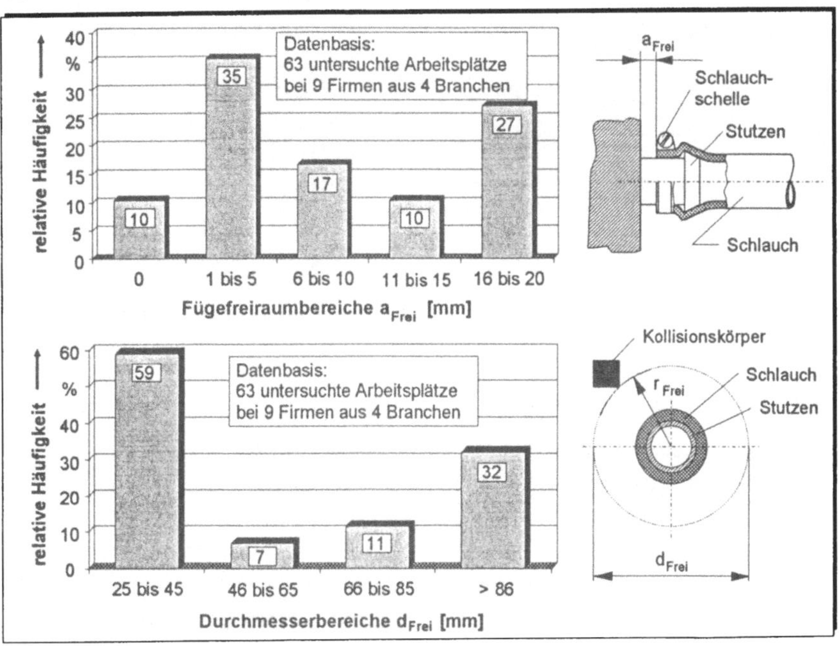

Bild 6:   Fügefreiräume bei der Schlauchschellenmontage

Der Fügefreiraum wird durch den Abstand zwischen Schlauchschelle und der nächstliegenden Kollisionskante in Richtung der Mittelpunktsachse des Stutzens a_{Frei} und durch den Durchmesser d_{Frei} gebildet, der um den Schlauch gelegt werden ohne einen Kollisionskörper zu berühren. Bei der Analyse wurden die vorhandenen Fügefreiräume bei PKW, Wasch- und Geschirrspülmaschinen untersucht.

3.2.2   Fügestellen und Fügerichtungen

Die Fügerichtungen bei der Montage von Schlauchschellen wurden ausgehend von der relativen Lage des Werkstückes zum Werker untersucht. Es zeigte sich, daß bei 66% aller untersuchten Produkte die Fügerichtung horizontal und bei 23 % vertikal verläuft.

73% der Schlauch-Stutzen-Verbindungen (Fügestellen) liegen bei den an den untersuchten Arbeitsplätzen montierten Produkten zwischen eins und zwei. Bild 7 zeigt die relative Häufigkeit der Fügerichtungen und der Fügestellen bei den untersuchten Arbeitsplätzen.

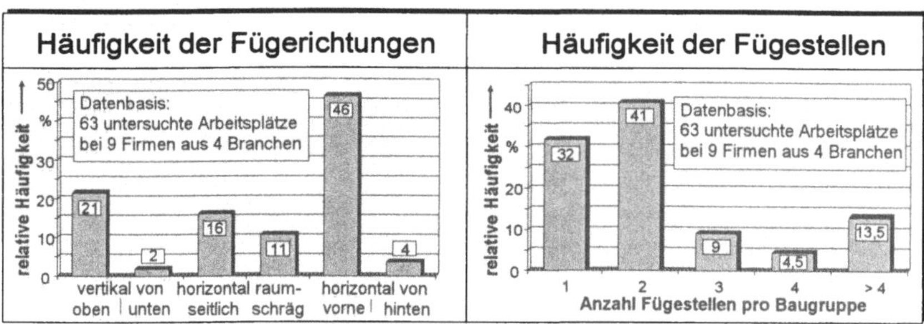

Bild 7:   Fügerichtungen und Fügestellen bei der Schlauchschellenmontage

3.2.3   Automatisierungsgrad

Bei der durchgeführten Analyse der Montagearbeitsplätze wurde untersucht, auf welche Art die Schlauchschellen montiert werden. Bild 8 zeigt den Automatisierungsgrad für verschiedene Branchen bei der Montage von Schlauchschellen. Dabei stellte sich heraus, daß 86 % aller untersuchten Montageprozesse rein manuell oder manuell mit Handwerkzeug durchgeführt werden. Mechanisierte Montagevorrichtungen, bei denen der Werker die Schlauchschellen lediglich in die Vorrichtung einlegt, waren bei 13 % der untersuchten Arbeitsplätze vorhanden. Der Anteil an automatischen Einrichtungen ist kleiner 1 %.

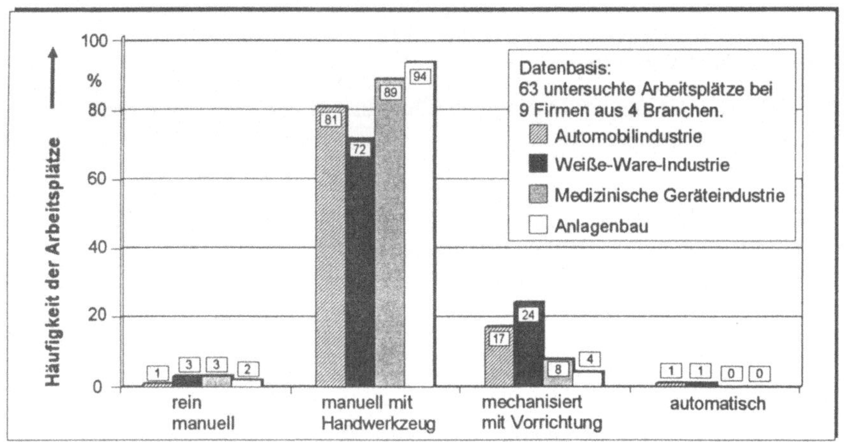

Bild 8:   Grad der Automatisierung bei der Schlauchschellenmontage

3.2.4   Automatisierungshemmnisse

Zur Ermittlung der Automatisierungshemmnisse bei der Montage von Schlauchschellen wurde im Rahmen der Arbeitsplatzanalyse und bei einer Umfrage zur Herstellung und Montage biegeschlaffer Teile /38/ nach Gründen gefragt, die eine Automatisierung verhindern. Es zeigte sich, daß die geschloßene Form von Schlauchschellen und die notwendige Kombination von Schlauch und Schlauchschelle bei der Montage, als elementare Hemmnisse bei der Schlauchschellenmontage angesehen werden (Bild 9).

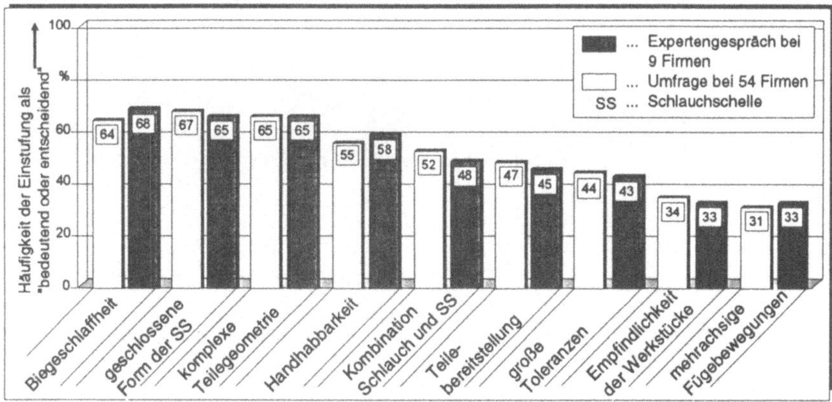

Bild 9:   Automatisierungshemmnisse bei der Schlauchschellenmontage aus Sicht der Anwender

3.3   Montageaufgabe

Die Verrichtungen bei der Montage von Schlauch-Stutzen-Verbindungen unterteilen sich in die Teilaufgaben

- Schlauchmontage,
- Schlauch mit Gleitmittel versehen,
- Schlauchschellenmontage,
- Handhabung der Fügeteile und
- sonstige vorbereitende Tätigkeiten.

Bild 10 zeigt die Verteilung der Montagezeiten am Beispiel der Kühlerschlauchmontage. Es wird deutlich, daß die Montagezeit für die Schlauchschelle bei knapp der Hälfte der gesamten Montagezeit für die Schlauch-Stutzen-Verbindung liegt. Dieses Beispiel ist repräsentativ für die Schlauchschellenmontage in Mittel- und Großserien und verdeutlicht den Rationalisierungsbedarf vor allem im Bereich der Schlauchsicherungstechnik. Mit zusammen 42 % Anteil an der Gesamtmontagezeit sind die Handhabung der benötigten Teile und die Schlauchmontage ebenfalls wichtige Tätigkeiten, die bei der Herstellung von druckdichten Schlauch-Stutzen-Verbindungen großen Einfluß auf die Montagezeit und je nach Ausführung auf die Produktivität einer Gesamtanlage haben.

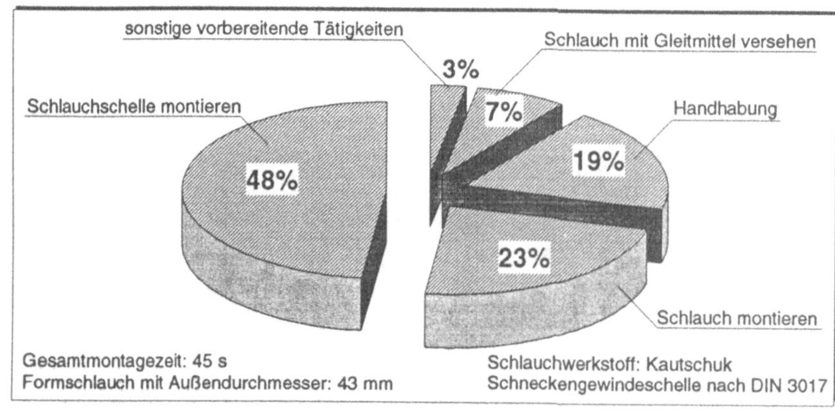

Bild 10:   Montagezeiten bei der Kühlerschlauchmontage

3.4 Folgerung aus den Analyseergebnissen und Ableitung von Untersuchungs- und Entwicklungsschwerpunkten für die Montage von Schlauchschellen

Aus der durchgeführten Analyse wird deutlich, daß zur Montage von Schlauchschellen in den unterschiedlichen Branchen nahezu alle Montageschritte manuell durchgeführt werden. Aufgrund der Serienfertigung vor allem in der Automobil- und in der Weiße-Ware-Industrie birgt dieser Bereich ein großes Rationalisierungspotential. Die hohe Typen- und Variantenvielfalt in Verbindung mit unterschiedlichen Fügerichtungen erfordert eine flexibel automatisierte Montage von Schlauchschellen, mit der eine Produktivitätssteigerung in diesem Montagebereich erreicht werden kann. Die Analyse zeigt, daß die nach DIN 3017 genormten Schneckengewindeschellen (SGS) eine herausragende Stellung einnehmen. Allein in der Automobilindustrie werden jährlich ca. 155 Mio. Schneckengewindeschellen montiert. Die Tatsache, daß ca. 44 % aller montierten Schlauchschellen auf Schneckengewindeschellen entfallen, zeigt, daß bei der Montage von Schneckengewindeschellen das größte Rationalisierungspotential besteht. Aufgrund der großen Stückzahlen von SGS ergibt sich die Forderung zur systematischen Entwicklung von Konzepten, Verfahren und Werkzeugen zur flexibel automatisierten Montage von Schneckengewindeschellen. Es müssen Lösungen entwickelt werden, durch die die größten Automatisierungshemmnisse "geschloßene Form der SGS" und "Kombination von Schlauch und SGS" beseitigt werden können (<u>Bild 11</u>).

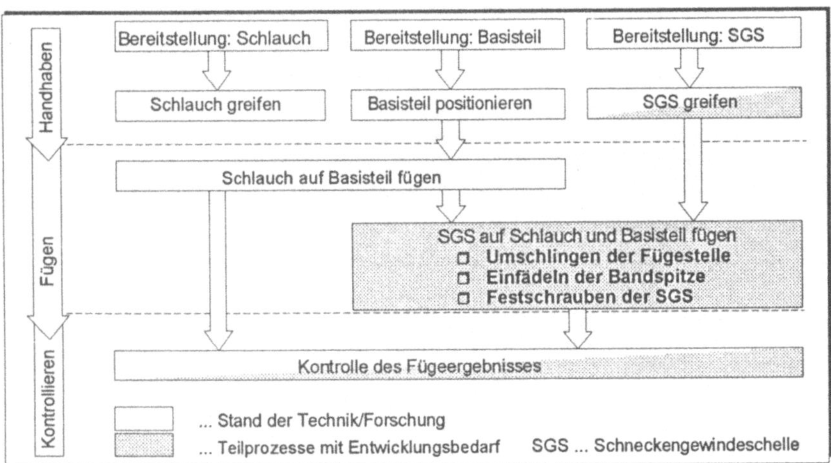

<u>Bild 11:</u>   Untersuchungs- und Entwicklungsbedarf bei Schneckengewindeschellen

Aufgrund dieser Randbedingungen ist es notwendig für die Entwicklung geeigneter Systeme zur Montage von Schneckengewindeschellen, den Schlauchmontageprozeß von dem Schneckengewindeschellen-Montageprozeß zeitlich zu trennen, d.h. die Schneckengewindeschellen müssen in offener Form montiert werden, damit eine flexible Automatisierung möglich wird.

Daraus abgeleitet müssen bei der Konzeption von Montagewerkzeugen für die notwendigen Teilaufgaben

- Bereitstellen der SGS,
- Umschlingen des Schlauches,
- Einfädeln der Bandspitze und
- Zuschrauben der SGS

entsprechende Teilsystemkonzepte konzipiert und entwickelt werden. Die Teilsysteme müssen in Form prototypischer Werkzeuge realisiert und deren Funktionsparameter theoretisch untersucht werden. Bild 11 zeigt den Untersuchungs- und Entwicklungsbedarf bei der Montage von Schneckengewindeschellen.

3.5 Anforderungen an flexible Systeme zur Montage von Schneckengewindeschellen

3.5.1 Anforderungen an Gesamtsysteme

Die wichtigsten Anforderungen an flexible Gesamtsysteme zur Montage von Schneckengewindeschellen lassen sich aus den Analyseergebnissen ableiten. Weitere Anforderungen ergeben sich aus den Marktveränderungen, die zukünftig erwartet werden. Bild 12 zeigt Anforderungen an Gesamtsysteme, die bei einer Planung solcher Montageanlagen zu berücksichtigen sind.

- hohe Produktflexibilität ohne manuelle Eingriffe
- universelle, produktneutrale Teilsysteme
- Sichern mehrerer Schlauch-Durchmessergrößen
- zeitliche Entkopplung von Schlauchmontage und Schneckengewindeschellen-Montage
- Überwachung des Fügevorgangs und der Montagequalität
- geringer Programmieraufwand und selbsterklärende Bedienerführung
- Verwendung von Standardkomponenten
- hohe Verfügbarkeit

Bild 12: Anforderungen an Gesamtsysteme zur flexibel automatisierten Montage von Schneckengewindeschellen

3.5.2   Anforderungen an das Montagewerkzeug

Als zentrales Teilsystem innerhalb einer Montagezelle nimmt das Montagewerkzeug alle für den eigentlichen Fügeprozeß notwendigen Subsysteme auf. Durch die Integration im Montagewerkzeug wird die Ortsunabhängigkeit des Montage- und Fügeprozesses gewährleistet. <u>Bild 13</u> zeigt die Anforderungen an ein Montagewerkzeug für Schneckengewindeschellen.

Bei der Montage von Schläuchen sind pro Schlauch 1 bis 3 Enden mit einer Schlauchschelle zu sichern, und pro Bauteil liegt die Zahl der Fügestellen zwischen 1 und 12. In der Analyse wurde festgestellt, daß die Mehrzahl der Baugruppen 1 oder 2 Fügestellen aufweist.

    ❏   Integration der Teilsysteme
- Schneckengewindeschellen-Bereitstellung
- Umschlingungsmechanik
- Einfädelhilfe
- Schrauber

❏   leicht austauschbare Teilsysteme

❏   geringe Baugröße

❏   industrierobotergerechte Anschlußschnittstelle

❏   einfaches Entfernen des Schneckengewindeschellen-Montagewerkzeugs nach dem Fügevorgang

❏   Verarbeiten von mindestens zwei Schneckengewindeschellen in einem Montagezyklus

❏   leicht austauschbare Verschleißteile

<u>Bild 13:</u>   Anforderungen an das Montagewerkzeug

3.5.2.1   System zur Bereitstellung von Schneckengewindeschellen

Die definierte Orientierung und Positionierung der Schneckengewindeschelle ist Voraussetzung für einen optimalen Fügeprozeß. Das Bereitstellungssystem hängt in seiner Ausführungsform stark vom Fügeprozeß ab.

Man kann zwischen werkzeuginterner und werkzeugexterner Bereitstellung der Schneckengewindeschellen unterscheiden. Die werkzeugexterne Bereitstellung ist Stand der Technik und kann mit handelsüblichen Komponenten, wie z. B. Vibrationswendelförderer, durchgeführt werden.

Die werkzeuginterne Bereitstellung übernimmt alle Positionier- und Bewegungsvorgänge innerhalb des Montagewerkzeuges. Die Anforderungen für die werkzeuginterne Bereitstellung sind in <u>Bild 14</u> aufgelistet.

- Bereitstellung von mindestens 2 Schneckengewindeschellen im Schneckengewindeschellen-Montagewerkzeug
- geordnete Bereitstellung der Schneckengewindeschellen
- auswechselbares oder schell zu befüllendes Magazin
- Vereinzelung der Schneckengewindeschellen und Vormagazinierung des Magazins in einem peripheren Teilsystem
- kurze Wechselzeit des Magazins
- definierte Positionierung und Orientierung der Schneckengewinde-schelle im Werkzeug
- hohe Verfügbarkeit
- einfache Kinematik zur Bewegung der Schneckengewindeschelle

Bild 14: Anforderungen an die werkzeuginterne Teilebereitstellung

3.5.2.2 Umschlingungssystem

Die Art und Weise, wie eine Schneckengewindeschelle auf einen Schlauch montiert werden muß, ist für den Montageablauf von entscheidender Bedeutung. Das Umschlingungssystem muß die für eine plastische Verformung der Schneckengewindeschelle notwendigen Kräfte und Momente erzeugen und auf das Schneckengewindeschellen-Band übertragen. Bild 15 zeigt die Anforderungen an das Umschlingungssystem.

- Aufbringen von Verformungskräften auf das SGS-Band
- Bewegungserzeugung und Übertragung auf die Schnecken-gewindeschelle
- einfache Kinematik
- Sicherstellen einer Kontaktfläche zwischen Schlauch und Schnecken-gewindeschelle > 270° am Schlauchumfang
- Erhaltung von Position und Orientierung des Schneckengewinde-schellen-Schlosses während des Umschlingens
- einfache Gestaltung der Schnittstellen zu vor- und nachgelagerten Teilsystemen
- verschleißarmer Werkstoff
- einfache Ansteuerung der Antriebe zur Vorschubbewegung
- kompakte Bauweise
- geringer benötigter Fügefreiraum
- große Durchmesserflexibilität

Bild 15: Anforderungen an das Umschlingungssystem

Dabei muß auf eine einfache Kinematik geachtet werden, die zugleich den benötigten Fügefreiraum auf ein Minimum beschränkt. Als zentrales Teilsystem, mit ablaufbedingten Schnittstellen zum Bereitstellungs- und Einfädelsystem muß eine möglichst einfache und funktionssichere Gestaltung dieser Schnittstellen bei der Konzeption des Umschlingungssystems im Vordergrund stehen.

3.5.2.3 Einfädelsystem

Im Anschluß an das Umschlingen der Fügestelle muß die Bandspitze in das Schloß der Schneckengewindeschelle eingefädelt werden. Die Sicherheit, die Genauigkeit und die daraus resultierenden Kräfte beim Fügeprozeß werden wesentlich durch das Einfädelsystem beeinflußt. Die Anforderungen an das Einfädelsystem aus <u>Bild 16</u> sind auf alle Schneckengewindeschellentypen und -varianten anwendbar.

❏   Erzeugung der Fügebewegung zwischen Schneckengewinde-schellen-Band und Schneckengewindeschellen-Schloß   ❏   Ausgleich von auftretenden Biegetoleranzen   ❏   verschleißarmer Werkstoff   ❏   integrierte Fügeerfolgskontrolle   ❏   sicheres Einfädeln der Bandspitze nach dem Umformprozeß

<u>Bild 16:</u>   Anforderungen an das Einfädelsystem

3.5.2.4 Schraubsystem

Das Festziehen der Schneckenschraube bis zu einem vorgegebenen Anzieh-drehmoment schließt den Fügevorgang einer Schneckengewindeschelle ab. Die Schraubbewegung wird durch das Schraubsystem erzeugt. Die im <u>Bild 17</u> aufge-führten Anforderungen an das Schraubsystem können allgemein für die Auswahl von Schraubsystemen für Schneckengewindeschellen verwendet werden.

❏   Übertragung einer Rotationsbewegung auf die Schneckenschraube   ❏   Drehmomentbereich 3 bis10 Nm   ❏   Erfassung des erforderlichen Anziehdrehmomentes   ❏   geringe Baugröße des Schraubers   ❏   geringe Geräuschentwicklung   ❏   Nachgiebigkeit in Fügerichtung   ❏   auswechselbare / anpaßbare Kontaktstelle   ❏   Schraubsystem im Werkzeug integriert

<u>Bild 17:</u>   Anforderungen an das Schraubsystem

3.5.3 Handhabungssystem

Das Handhabungssystem muß die für den Montageprozeß notwendigen Werkzeuge ankoppeln, im Arbeitsraum verfahren und positionieren können. Die Fügepositionen der Werkzeuge müssen positionsgenau angefahren und während des Fügeprozesses beibehalten werden können. Ein Handhabungssystem für die flexible Montage von Schneckengewindeschellen muß zusätzlich zu den in /9/ beschriebenen Grundanforderungen an eine Schlauchmontagezelle die speziellen Anforderungen aus Bild 18 erfüllen.

> ❑ mindestens 4 frei programmierbare Achsen
>
> ❑ Handhabungsgewicht $\geq$ 150 N
>
> ❑ Positioniergenauigkeit $\pm$ 0,1 mm
>
> ❑ Abstützen von Kräften und Momenten in x-, y- und z-Richtung
>
> ❑ Bewegungsgeschwindigkeit $\geq$ 1 m/s

Bild 18: Anforderungen an das Handhabungssystem

4 Konzeption von Werkzeugteilsystemen zur Montage von Schneckengewindeschellen und Integration zu einem Gesamtsystem

4.1 Darstellung der Werkzeugteilfunktionen

Ein Werkzeug zur flexibel automatisierten Montage von Schneckengewindeschellen ist durch die Teilfunktionen

- Bereitstellen/Speichern der Schneckengewindeschellen,
- Umschlingen der Fügestelle,
- Einfädeln der Bandspitze im Gehäuse der Schneckengewindeschelle,
- Festschrauben der Schneckengewindeschelle auf dem Schlauch und
- Überwachung/Steuerung der einzelnen Teilprozesse

gekennzeichnet. Jede dieser Teilfunktionen wird durch ein Teilsystem des Werkzeugs ausgeführt.

4.2 Lösungsprinzipien zum Umschlingen der Fügestelle

Der Schneckengewindeschelle muß beim Umschlingen der Fügestelle eine Krümmung aufgezwungen werden, damit zunächst eine elastische und später eine bleibende Formänderung des Schellenbandes erreicht wird. Das Umformen der Schneckengewindeschelle durch Biegen kann analog der DIN 8586 /25/ mit verschiedene Biegeumformverfahren erfolgen. Die Unterteilung der Biegeumformverfahren nach DIN 8586 und deren Eignung für eine automatisierte Montage von Schneckengewindeschellen zeigt <u>Bild 19</u>.

Auf der Basis von Vorversuchen und theoretischen Betrachtungen stellte sich heraus, daß sich für die automatische Montage von Schneckengewindeschellen die folgenden Verfahren eignen:

- Freies Biegen
- Rollbiegen
- Walzbiegen
- Rundbiegen

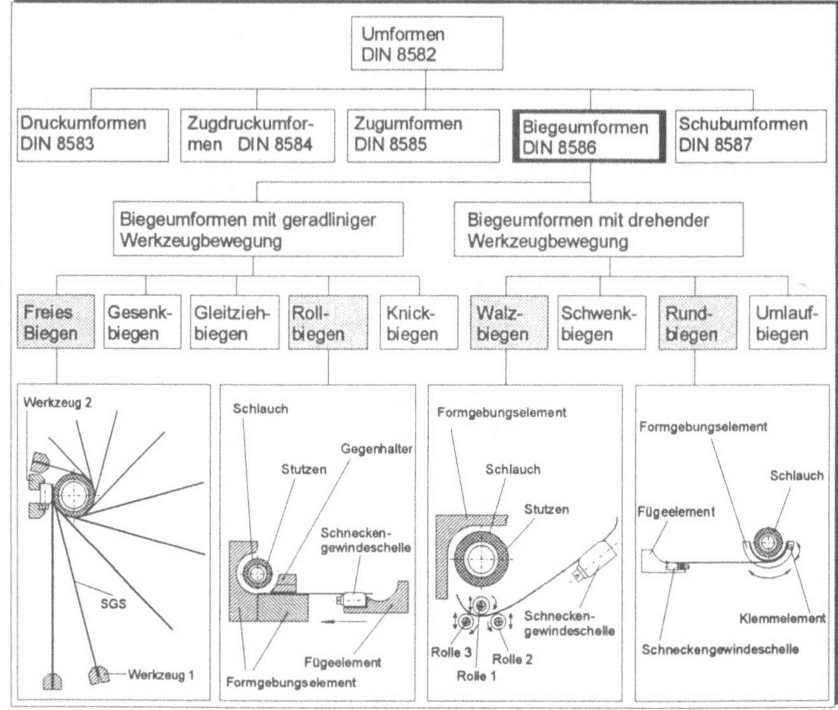

Bild 19: Verfahren zum Umschlingen der Fügestelle in Anlehnung an /25/

4.2.1 Ausgangsgeometrie der Schneckengewindeschelle

Die Form der Schneckengewindeschelle, in der sie vor dem Montageprozeß vorliegt, hat entscheidenden Einfluß auf die Art des geeigneten Fügeprozesses.
Mögliche Ausgangsformen für den Umschlingungsprozeß sind alle Verformungszustände zwischen den beiden Zuständen:

- kreisrundes, gebogenes Schneckengewindeschellen-Band und
- gestrecktes, gerades Schneckengewindeschellen-Band.

Die Ausgangsformen, die eine Verformung, d.h. ein Aufweiten des Schneckengewindeschellen-Bandes vor der Positionierung der Schneckengewindeschelle am Fügeort erfordern, werden nicht weiter betrachtet. In Anlehnung an den Herstellungsprozeß von Schneckengewindeschellen werden acht mögliche Formen betrachtet. Ausgehend von der gestreckten Form werden die jeweils um 90˚ weiterverformten Zustände untersucht (Bild 20).

gestreckte SGS	90° am Gehäuse	90° an Bandspitze	90° am Gehäuse 90° an Bandspitze
180° am Gehäuse	180° an Bandspitze	90° am Gehäuse 180° an Bandspitze	180° am Gehäuse 90° an Bandspitze

<u>Bild 20:</u> Ausgangsgeometrien von Schneckengewindeschellen vor dem Umschlingungsprozeß

Bei der Grobkonzeption wurden jeweils für die vier möglichen Biegeumformverfahren alle acht unterschiedlichen Ausgangsgeometrien mit Hilfe einer Nutzwertanalyse bewertet und jeweils die beiden besten Lösungen ausgewählt. Diese acht Grobkonzepte bilden die Grundlage für die Entwicklung des optimalen Lösungsprinzips.

4.2.2 Freies Biegen

Eine Form des freien Biegens ist das querkraftfreie Biegen, bei dem beide Enden des zu biegenden Teils fest eingespannt sind, damit ein Biegen unter reiner Momentbelastung möglich ist.

Soll eine Schneckengewindeschelle durch querkraftfreies Biegen um einen Schlauch geschlungen werden, dann ist es von Vorteil, wenn die Schneckengewindeschelle in symmetrischer Form vorliegt, weil dann eine einfachere Werkzeug- bzw. Greiferkinematik gewählt werden kann. Die ausgewählten Lösungsprinzipien für das querkraftfreie Biegen und ihre Bewertung zeigt <u>Bild 21</u>.

Verfahren	einfaches Verfahren mit stillstehender Bandspitze	doppeltes Verfahren mit zwei bewegten Enden
Prinzipskizze	Klemmbacke 1 · Klemmbacke 2 · Schlauch · Schneckengewindeschelle	Klemmbacke 1 · Klemmbacke 2 · Schlauch · Schneckengewindeschelle
Umformphasen der Schneckengewindeschelle		
Bewertungskriterien ●... gut, ◐... mittel, ○... schlecht		
Durchmesserflexibilität	◐	●
Resultierende Umformkräfte/-momente	◐	●
Technischer Aufwand für Kinematik	◐	○
Aufwand für Teilsystemschnittstellen	○	○
Resultierende Baugröße	○	○
Notwendiger Arbeitsraum für Montage	○	○

<u>Bild 21:</u> Umschlingen eines Schlauches durch querkraftfreies Biegen von Schneckengewindeschellen

4.2.3   Rollbiegen

Das Werkstück wird an einem Ende fest eingespannt und mit dem freien Ende voraus in das stationäre Werkzeug mit gekrümmter Wirkfläche eingedrückt. Variationen des Rollbiegevorgangs ergeben sich durch die Wahl der Einspannungsart und die Form der gekrümmten Wirkfläche (<u>Bild 22</u>).

Bei der Umschlingung einer Schlauch-Stutzen-Verbindung mit einer Schneckengewindeschelle nach dem Prinzip des Rollbiegens wird eine kreisrunde Wirkfläche gewählt. Die Einspannung erfolgt am Gehäuse der Schneckengewindeschelle, so daß die Bandspitze zuerst in das Werkzeug eingedrückt werden kann. Wichtig ist die richtige Auslegung des Durchmessers der Wirkfläche, denn davon hängt es ab, ob die Bandspitze nach dem Umschlingen des Schlauches wieder am Gehäuse zu liegen kommt, damit ein anschließendes Einfädeln möglich wird.

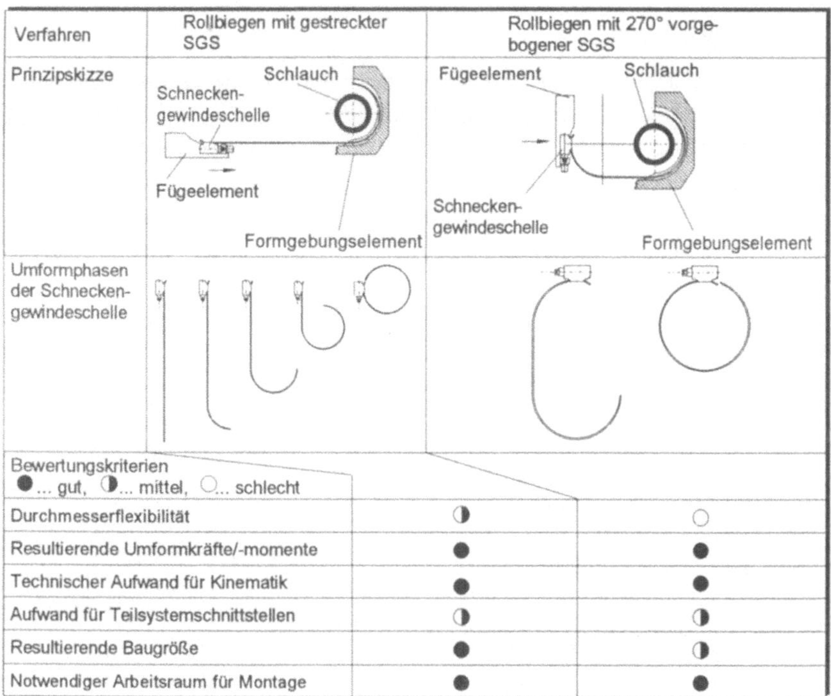

Bewertungskriterien ●... gut, ◐... mittel, ○... schlecht	Rollbiegen mit gestreckter SGS	Rollbiegen mit 270° vorgebogener SGS
Durchmesserflexibilität	◐	○
Resultierende Umformkräfte/-momente	●	●
Technischer Aufwand für Kinematik	●	●
Aufwand für Teilsystemschnittstellen	◐	◐
Resultierende Baugröße	●	◐
Notwendiger Arbeitsraum für Montage	●	●

Bild 22: Umschlingen eines Schlauches durch Rollbiegen von Schnecken-gewindeschellen

Für das Umschlingen durch Rollbiegen eignet sich sowohl eine gerade, gestreckte Form als auch eine vorgebogene Form der Schneckengewindeschelle. Die Schneckengewindeschelle wird in ein Fügeelement eingelegt und am Gehäuse kraft- und formschlüssig fixiert. Durch eine Vorschubbewegung von Fügeelement und Schneckengewindeschelle gegen das Formgebungselement (Wirkfläche) wird das Schneckengewindeschellen-Band umgeformt und um die Fügestelle geführt. Das Schneckengewindeschellen-Band muß in einer Nut im Formgebungselement geführt werden.

4.2.4   Walzbiegen

Für das Umschlingen einer Fügestelle mit einer Schneckengewindeschelle eignet sich das Walzbiegen nur in Form von Walzrunden mit senkrecht zur Biegeebene stehenden Walzenachsen. Die Walzen sind angetrieben und ziehen das Schneckengewindeschellen-Band durch Reibung zwischen die Walzen. Je nach Durchmesser, Anordnung und Anzahl der Walzen kann die Schneckengewindeschelle unterschiedlich umgeformt werden. Zur Erzeugung einer Kreisform sind mindestens drei Walzen erforderlich.

Für das Walzrunden eignen sich Schneckengewindeschellen in gestreckter Form am besten. Die Schneckengewindeschelle wird zunächst durch eine Vorschubbewegung gegen die erste Walze in Umformstartposition gebracht. Durch die Drehbewegung der Walzen wird das Schellenband reibschlüssig zwischen den Walzen eingezogen und gleichzeitig umgeformt. Bild 23 zeigt zwei Prinzipien zum Walzrunden von Schneckengewindeschellen.

Verfahren	Walzrunden einer gestreckten SGS (mehrere Walzen)	Walzrunden einer gestreckten SGS (drei Walzen)
Prinzipskizze		
Umformphasen der Schneckengewindeschelle		
Bewertungskriterien ●... gut, ◐... mittel, ○... schlecht		
Durchmesserflexibilität	●	●
Resultierende Umformkräfte/-momente	●	◐
Technischer Aufwand für Kinematik	○	○
Aufwand für Teilsystemschnittstellen	○	◐
Resultierende Baugröße	◐	◐
Notwendiger Arbeitsraum für Montage	◐	◐

Bild 23:   Umschlingen eines Schlauches durch Walzrunden von Schneckengewindeschellen

4.2.5 Rundbiegen

Für das Umschlingen eines Schlauches durch Rundbiegen wird die Schneckenge-windeschellen-Bandspitze durch ein Klemmelement auf dem Formgebungselement (Biegedorn) kraftschlüssig fixiert. Das Formgebungselement führt eine rotierende Bewegung aus und formt das Schneckengewindeschellen-Band dadurch um. Der Rundbiegevorgang kann mit einer gestreckten oder mit einer vorgebogenen Schneckengewindeschelle durchgeführt werden (Bild 24).

Bei einer gestreckten Schneckengewindeschelle muß während des Umformvorgangs einmal nachgefaßt werden, damit ein Umschlingen um mehr als 270° erreicht wird.

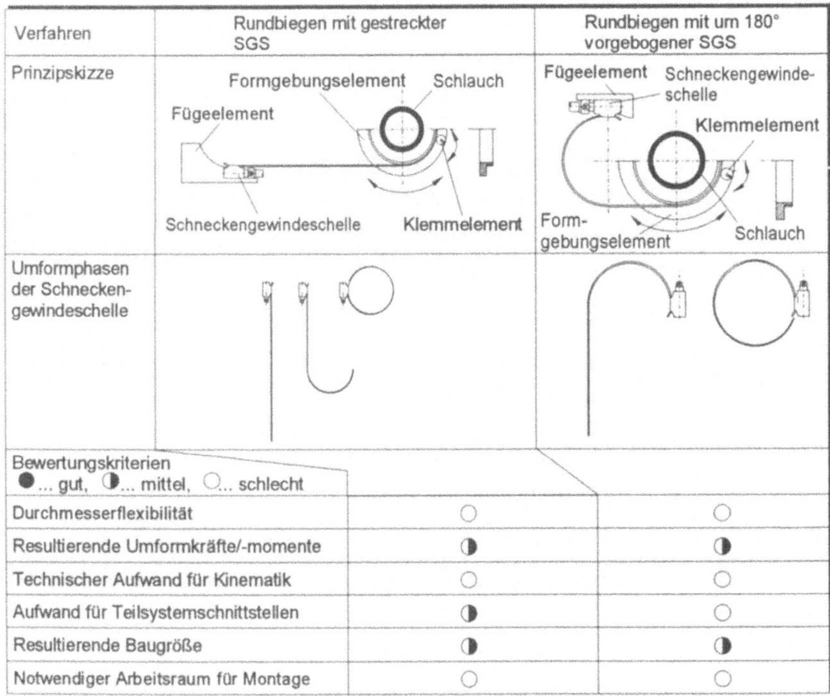

Verfahren	Rundbiegen mit gestreckter SGS	Rundbiegen mit um 180° vorgebogener SGS
Bewertungskriterien ● … gut, ◑ … mittel, ○ … schlecht		
Durchmesserflexibilität	○	○
Resultierende Umformkräfte/-momente	◑	◑
Technischer Aufwand für Kinematik	○	○
Aufwand für Teilsystemschnittstellen	◑	○
Resultierende Baugröße	◑	◑
Notwendiger Arbeitsraum für Montage	○	○

Bild 24: Umschlingen eines Schlauches durch Rundbiegen von Schneckengewindeschellen

4.2.6 Bewertung und Auswahl des Umschlingungsprinzips

Damit das optimale Biegeumformverfahren für den Umschlingungsprozeß der Schneckengewindeschelle um die Fügestelle ausgewählt werden kann, müssen die entwickelten Verfahrenskonzepte vergleichend gegenübergestellt und bewertet werden. Der Vergleich der Umschlingungsprinzipien bezieht sich auf:

- die mögliche Durchmesserflexibilität, die durch das Umschlingungsprinzip begrenzt wird,

- die notwendigen Umformkräfte und -momente und ihren Einfluß auf die Antriebsauslegung,

- den technischen Aufwand für die bewegten Teile (Kinematik), der bei Konstruktion und Bau des Werkzeugs entsteht,

- den technischen Aufwand und die Funktionssicherheit der Schnittstellen zu den anderen Werkzeugteilsystemen,

- die resultierende Baugröße, die im wesentlichen durch die Art und Weise bestimmt wird, wie das Schneckengewindeschellen-Band um den Schlauch geführt wird und

- den benötigten Freiraum beim Fügeprozeß und der daraus resultierenden Produktflexibilität.

Die aufgeführten Punkte werden von den Konzepten, die nach dem Prinzip des Rollbiegens arbeiten, am besten erfüllt. Vor allem aufgrund des geringen benötigten Fügefreiraums, der kompakten Bauform und der einfachen Kinematik wird bei der Konzeption der restlichen Teilsysteme das Umschlingungsprinzip "Rollbiegen einer gestreckten Schneckengewindeschelle" zugrunde gelegt.

4.2.7 Konzeption und Auswahl des Umschlingungssystems

Basierend auf dem ausgewählten Umschlingungsprinzip Rollbiegen wird das Umschlingungssystem konzipiert.

Das Umschlingungssystem hat folgende Aufgaben:

- Erzeugung der Eindrückkraft F_E,

- Erzeugung der Spannkraft F_{SP} und

- Eindrücken der Schneckengewindeschelle über einen bestimmten Hub H.

Die Eindrückkraft F_E muß über einen bestimmten Hub H größer sein als die Summe aller auftretenden Reibungskräfte F_R und notwendigen Formänderungskräfte $F_{FÄ}$ zur elastischen und plastischen Verformung des Schneckengewindeschellen-Bandes.

Die Spannkraft F_{SP} hält das Schneckengewindeschellen-Gehäuse während des gesamten Eindrückvorganges in einer definierten Position und Orientierung. <u>Bild 25</u> zeigt alternative Lösungskonzepte für das Umschlingungssystem.

Zur Erfüllung der Anforderungen an das Umschlingungssystem eignet sich der kolbenstangenlose Zylinder am besten.

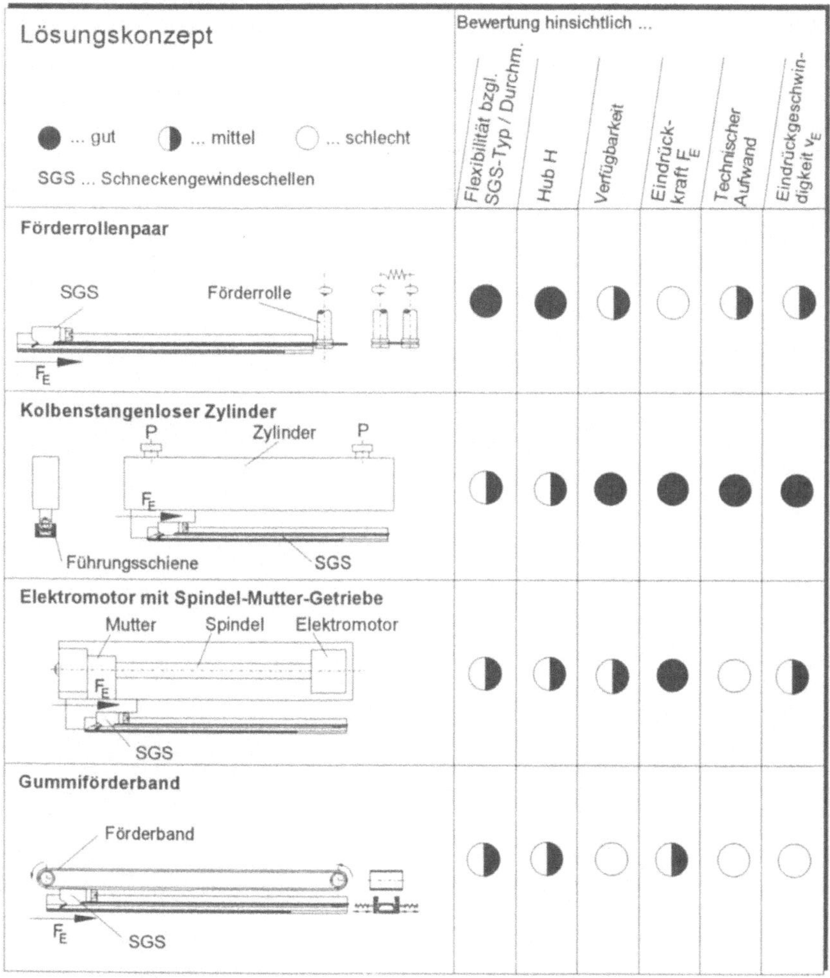

<u>Bild 25:</u>   Lösungskonzepte für das Umschlingungssystem

4.3 Lösungsprinzipien zum Einfädelvorgang

Im Anschluß an den Umschlingungsprozeß muß die Bandspitze im Gehäuse der Schneckengewindeschelle eingefädelt werden, damit die Schneckenschraube die Gewinderillen des Schneckengewindeschellen-Bandes erfassen und anschließend das Band durch Rotation der Schneckenschraube in das Gehäuse einziehen kann. Ausgehend von dem Umschlingungsverfahren "Rollbiegen" kann das Fügen der Bandspitze in das Schloß der Schneckengewindeschelle entweder rein passiv durch eine entsprechende geometrische Gestaltung der Formgebungselemente (Bild 26) oder aktiv, d.h. mit einem zusätzlichen angetriebenen Stellglied, erfolgen.

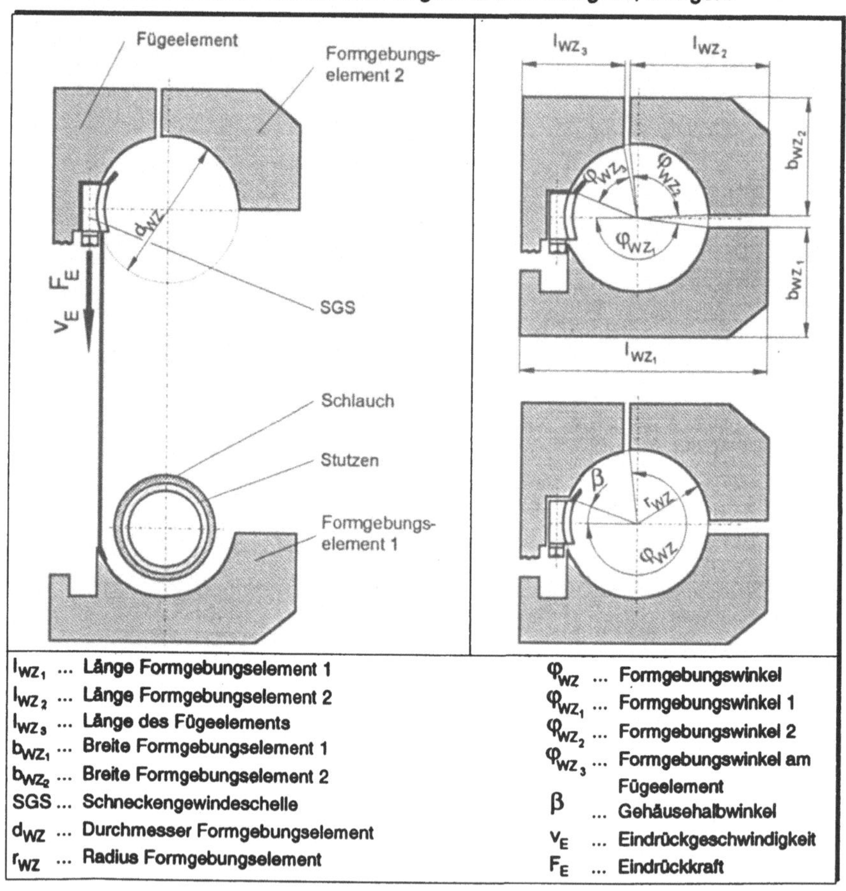

Bild 26: Geometrie der Formgebungselemente

4.3.1 Passives Einfädeln

Beim passiven Einfädeln wird davon ausgegangen, daß die Eindrückkraft, die für den Umschlingungsprozeß aufgebracht wird, auch für den Einfädelprozeß genutzt werden kann, d.h. der Erfolg des Einfädelvorgangs hängt von der geometrischen Gestaltung der Formgebungselemente und des Fügeelementes ab. Beim Rollbiegen der Schneckengewindeschelle wird von einer kreisförmigen Geometrie der Formgebungselemente ausgegangen, da die gewünschte Endform der Schneckengewindeschelle ebenfalls kreisförmig sein soll. Bei der Geometrie des Fügeelementes, also bei dem Werkzeugteil, das die Einfädelrichtung der Bandspitze in das Gehäuse vorgibt und die eventuell notwendige Feinverformung der Bandspitze übernimmt, sind verschiedene Formen möglich. Bild 27 zeigt unterschiedliche Formkombinationen der Formgebungselemente und des Fügeelementes beim passiven Einfädeln.

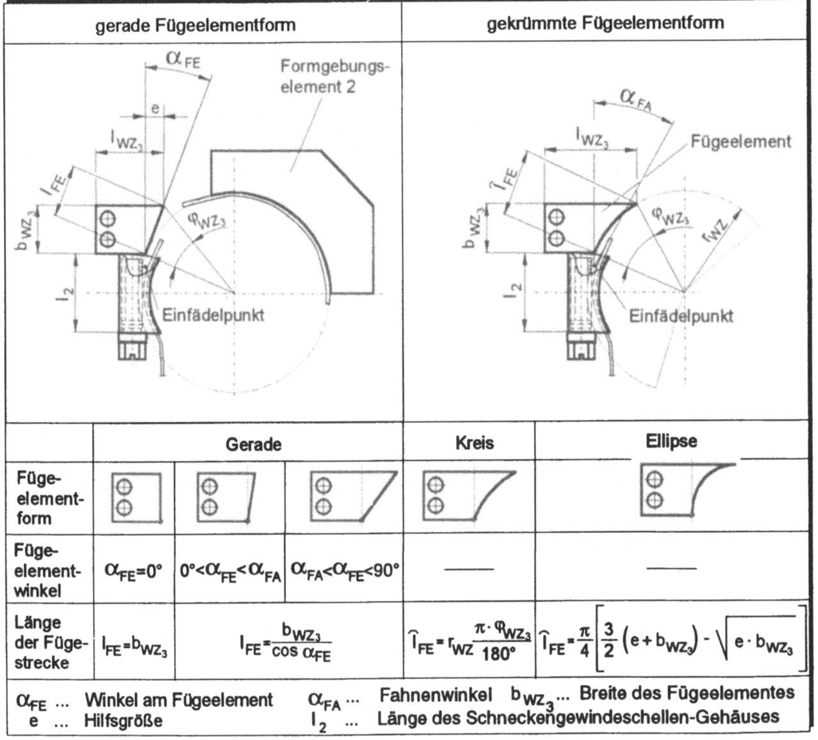

	Gerade			Kreis	Ellipse
Fügeelementform					
Fügeelementwinkel	$\alpha_{FE}=0°$	$0°<\alpha_{FE}<\alpha_{FA}$	$\alpha_{FA}<\alpha_{FE}<90°$	—	—
Länge der Fügestrecke	$l_{FE}=b_{WZ_3}$	$l_{FE}=\dfrac{b_{WZ_3}}{\cos\alpha_{FE}}$		$\hat{l}_{FE}=r_{WZ}\dfrac{\pi\cdot\varphi_{WZ_3}}{180°}$	$\hat{l}_{FE}=\dfrac{\pi}{4}\left[\dfrac{3}{2}\left(e+b_{WZ_3}\right)-\sqrt{e\cdot b_{WZ_3}}\right]$

α_{FE} ... Winkel am Fügeelement α_{FA} ... Fahnenwinkel b_{WZ_3} ... Breite des Fügeelementes
e ... Hilfsgröße l_2 ... Länge des Schneckengewindeschellen-Gehäuses

Bild 27: Form des Fügeelementes beim passiven Einfädeln

4.3.2   Aktives Einfädeln

Durch eine zusätzliche Kraft F_Z, die eine Verstärkung der Einfädelkraft F_{EIN} bewirkt, kann der Einfädelvorgang aktiv unterstützt werden, d.h. die Einfädelkraft bei aktivem Einfädeln $F_{EIN_{Ak}}$ setzt sich aus den zwei Kraftkomponenten

- ❐   Einfädelkraft F_{EIN_E} resultierend aus der Eindrückkraft F_E und
- ❐   aktive Einfädelzusatzkraft F_{EIN_Z} resultierend aus der zusätzlichen Kraft F_Z

zusammen. <u>Bild 28</u> zeigt die Kräfteverhältnisse an der Bandspitze beim aktiven Einfädeln unter Vernachlässigung der Reibung.

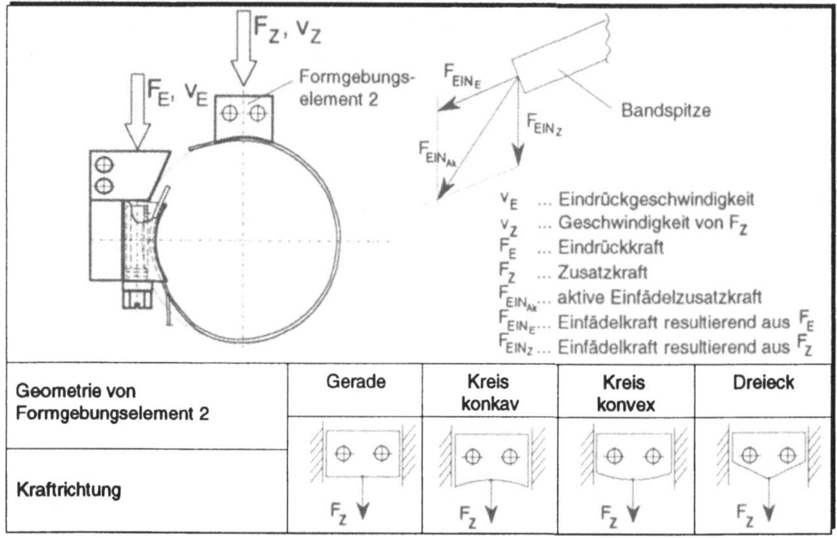

<u>Bild 28:</u>   Kräfteverhältnisse und Formkombinationen beim aktiven Einfädeln

Die Kräfteverhältnisse an der Bandspitze sind direkt durch die Geometrie der Formgebungselemente und deren Kraftrichtungen beeinflußbar.

4.3.3   Bewertung und Auswahl

Zur Auslegung des Einfädelsystems muß zunächst bewertet werden, ob ein passiver oder ein aktiver Einfädelvorgang die bessere Lösung darstellt. Die Vorversuche zum Einfädeln haben gezeigt, daß mit einem rein passiven Einfädeln eine hohe Zuverlässigkeit erreicht werden kann. <u>Bild 29</u> zeigt die Gegenüberstellung ausgewählter Einfädelprinzipien. Unter Berücksichtigung der vorliegenden Randbedingungen und der vergleichenden Gegenüberstellung wurde das passive Einfädeln mit gerader Fügeelementform ausgewählt. Diese Lösung stellt ein technisch einfaches, leicht zu realisierendes Einfädelprinzip mit einer hohen Verfügbarkeitserwartung dar. Die gerade Fügeelementform ermöglicht ein geringes Bauvolumen und ist einfach herzustellen.

Prinzip	Passives Einfädeln			Aktives Einfädeln		
Fügeelementform	Gerade	Kreis	Ellipse	Gerade		
Form von Formgebungselement 2	Kreis			Gerade	Kreis	Dreieck
Kraftrichtung an der Bandspitze	F_{EIN}			F_{EIN_E}, F_{EIN_Z}, $F_{EIN_{Ak}}$		
Kontaktstellenart	Fläche	Fläche	Fläche	Punkt	Fläche	Punkt
Bauvolumen	●	◐	◐	●	●	●
Aufwand für Kinematik	●	●	●	○	○	○
Aufwand für Sensorik	●	●	●	◐	●	○
Einfädelkraft	◐	◐	◐	●	●	●
Prozeßsicherheit	●	●	●	◐	●	○
Kriterien:	● … gut		◐ … mittel		○ … schlecht	

Bild 29: Gegenüberstellung möglicher Einfädelprinzipien

4.4 Anordnung des Schrauberantriebs

Aufgrund des geringen Bauvolumens bei einem benötigten Drehmomentbereich bei Schneckengewindeschellen von 3,5 bis 10 Nm, der sehr guten Energieverfügbarkeit und Energieübertragbarkeit von Druckluft und dem geringen Gewicht wird ein Druckluftmotor als Schraubsystem gewählt. Bild 30 zeigt alternative Lösungsprinzipien für die Anordnung des Schraubers und die Art der Antriebsübertragung bei dem ausgewählten kolbenstangenlosen Pneumatikzylinder zur Erzeugung der Eindrückkraft F_E. Durch die Forderung nach der Integration des Schrauberantriebs im Schneckengewindeschellen-Montagewerkzeug, die notwendige kompakte Bauweise und das abgeleitete Umschlingungsverfahren Rollbiegen ist die Anordnung des Schraubers bzw. der Übertragungsglieder der Rotationsenergie auf die Schneckengewindeschelle von entscheidender Bedeutung. Resultierend aus dem Umschlingen durch Rollbiegen ergibt sich die Notwendigkeit, daß die Fügerichtung des

Schraubenadapterstückes zur Übertragung der Schraubbewegung entgegengesetzt zur Fügerichtung der Eindrückkraft F_E angesetzt werden muß.

Konzepte	direkter Antrieb		indirekter Antrieb	
Kriterien	starre Welle	flexible Welle	Zahnriemenge-triebe	Zahnradgetriebe
Prinzipskizze SGS... Schneckenge-windeschelle S ... Schrauber FW ... Flexible Welle SV ... Steckver-bindung ZRG... Zahnriemen-getriebe ZG ... Zahnrad-getriebe				
Funktionsweise	Über eine Steck-verbindung wird die Drehbewegung direkt auf die Schnecken-schraube übertra-gen.	Über eine flexible Welle wird die Drehbewegung direkt auf die Schnecken-schraube übertra-gen.	Über einen Zahn-riemenantrieb wird durch eine in Fü-gerichtung ver-schiebbare Profil-welle die Drehbe-weg. übertragen.	Über ein Zahn-radgetriebe, das vom Eindrückzy-linder mitbewegt wird, wird die Drehbewegung übertragen.
Eingriffszeit des Schraubers	Schrauber kommt während der Ein-fädelphase zum Eingriff.	Schrauber ist wäh-rend des gesam-ten Fügeprozes-ses im Eingriff.	Schrauber ist wäh-rend des gesam-ten Fügeprozes-ses im Eingriff.	Schrauber ist wäh-rend des gesam-ten Fügeprozes-ses im Eingriff.
Anordnung des Schraueran-triebes	Schrauberachse fluchtet mit Schnecken-schraubenachse.	Schrauber kann frei am Gehäuse des Schneckenge-windeschellen-Werkzeugs an-gebracht werden.	Schrauberachse muß parallel zur Fügerichtung sein.	Schrauberachse muß parallel zur Fügerichtung an-geordnet werden.
Benötigter Füge-freiraum	groß	mittel	groß	klein
Übertragbares Drehmoment	groß	mittel	groß	mittel

Bild 30: Lösungskonzepte für Art und Anordnung des Schrauberantriebs

Der direkte Antrieb über eine starre Welle und das Zahnriemengetriebe scheiden aufgrund des großen benötigten Fügefreiraums und der daraus resultierenden ein-geschränkten Einsatzmöglichkeit des Gesamtwerkzeugs für die Übertragung der Schraubbewegung aus. Das Antriebskonzept mit der flexiblen Welle kommt aufgrund des großen benötigten Biegeradius für einen störungsfreien Betrieb nicht in Frage.

Für die Realisierung beim Versuchswerkzeug wurde die Lösungsalternative Zahnradgetriebe und mitbewegter Schrauber ausgewählt.

4.5 Lösungsprinzipien zur Fügeprozeßüberwachung

Die Überwachung des Fügeprozesses kann bei dem ausgewählten Umschlingungsprinzip "Rollbiegen mit indirektem Schrauberantrieb" über die gleichzeitige Erfassung

- ❑ des Anziehdrehmoments an der Schneckenschraube M_{ANZ},
- ❑ des Eindrückweges s_E und
- ❑ der Eindrückkraft F_E

erfolgen. Durch die Überwachung des Anziehmomentes der Schneckenschraube kann der Ist-Verlauf aufgrund vorher berechneter oder experimentell ermittelter Drehmomentverläufe mit einem vorgegebenen Soll-Verlauf verglichen werden.

Die Erfassung des Eindrückweges ergibt im Zusammenhang mit der Erfassung der erforderlichen Eindrückkraft eine verwertbare Aussage über den Verlauf des Fügeprozesses. Die Eindrückkrafterfassung läßt einen Vergleich mit theoretisch und/oder experimentell bestimmten Vergleichskraftverläufen zu und kann ebenso wie die Drehmomentaufnahme mit der Eindrückwegmessung zur Fügeprozeßregelung eingesetzt werden.

Mit Hilfe der Eindrückkrafterfassung kann der Fügeprozeß in Abhängigkeit des Fügeweges bis zum Zeitpunkt des Einfädelns überwacht werden. Über einen Kraftsensor wird der tatsächliche Verlauf der Eindrückkraft aufgenommen und mit Hilfe einer Meßwerterfassungseinrichtung online an eine Auswertesoftware übergeben, die den Ist-Verlauf mit einem vorgegebenen Soll-Verlauf vergleicht und aufgrund bestimmter Regelalgorithmen entscheidet, ob der momentan ablaufende Fügeprozeß erfolgreich verläuft /39/. Das Festschrauben der Schneckengewindeschelle auf dem Schlauch mit einem - in Abhängigkeit des Schlauchwerkstoffes - vorgegebenen Anziehdrehmoment kann nur durch eine Drehmomenterfassung überwacht werden. Bei der Konzeption des Systems für die Fügeprozeßüberwachung wird deshalb eine Kombination aus Eindrückkrafterfassung und Drehmomenterfassung angestrebt. Über die Erfassung der Eindrückkraft und den Abgleich mit einer Referenzkurve wird der Umschlingungsprozeß online überwacht und bei Auftreten eines Fehlers nachgeregelt oder unterbrochen. Die Drehmomenterfassung liefert Aussagen über den Verlauf des Festschraubens und über die Qualität der hergestellten Schlauch-Stutzen-Verbindung. Abhängig von der Werkstoffkombination zwischen Schlauch und Stutzen kann das entsprechende Anziehdrehmoment eingestellt und während des Fügeprozesses überwacht werden.

5 Entwicklung von Verfahren und Werkzeugmodulen zum Rollbiegen von Schneckengewindeschellen

5.1 Fügephasen bei der Montage von Schneckengewindeschellen nach dem Prinzip des Rollbiegens

Das konzipierte Montageverfahren mit einem Industrieroboter und einem Schneckengewindeschellen-Montagewerkzeug (SGS-MWZ) kann in die 5 Fügephasen

- Orientierungsphase,
- Eindrückphase,
- Einfädelphase,
- Schraubphase und
- Abschlußphase

unterteilt werden. Die einzelnen Fügephasen müssen in chronologischer Reihenfolge durchgeführt werden, um eine Schneckengewindeschelle auf einer Schlauch-Stutzen-Verbindung zu fixieren und durch Aufpressen des Schlauches auf den Stutzen eine druckdichte Verbindung herzustellen (Bild 31).

Die **Orientierungsphase** leitet den Montageprozeß ein. Das Schneckengewindeschellen-MWZ wird mit Hilfe eines Montageroboters zur Fügestelle bewegt und dort in geöffnetem Zustand in der Arbeitsposition fixiert. Um ein Umschlingen der Fügepartner Schlauch und Stutzen zu ermöglichen, wird das Wirksystem des Schneckengewindeschellen-MWZ durch eine Bewegung des Montageroboters so am Schlauch positioniert, daß im nächsten Schritt im Schneckengewindeschellen-Magazin eine Schneckengewindeschelle in Fügeposition gebracht und die **Eindrückphase** gestartet werden kann. Die Schneckengewindeschelle wird mit einem Pneumatikzylinder in einen Eindrückkanal gedrückt und durch die Formgebungselementeform nach dem Prinzip des Rollbiegens um den Schlauch geführt. Die Eindrückphase mündet zu dem Zeitpunkt in die **Einfädelphase**, wenn die Schneckengewindeschellen-Bandspitze das Schneckengewindeschellen-Schloß oder das Fügeelement berührt. Während der Einfädelphase wird die Schneckengewindeschellen-Bandspitze durch eine passiv erzeugte Relativbewegung zwischen Schloß und Bandspitze gefügt. Sobald die Schneckenschraube die Gewinderillen am Schneckengewindeschellen-Band erfaßt hat und eine Zugkraft auf das Band ausübt, beginnt die **Schraubphase**, während dieser das Schneckengewindeschellen-Band durch das Schloß bewegt wird, bis ein vorher definiertes Anziehdrehmoment der Schneckengewindeschelle erreicht ist. Zur Freigabe der Fügestelle wird in der **Abschlußphase** das Schneckengewindeschellen-MWZ durch Öffnen der Formgebungselemente und durch Verfahren des Montageroboters vom Montageort entfernt. Nach Ablauf aller Fügephasen ist der Fügeprozeß für eine Schneckengewindeschelle beendet und die nächste Schneckengewindeschelle kann gefügt werden.

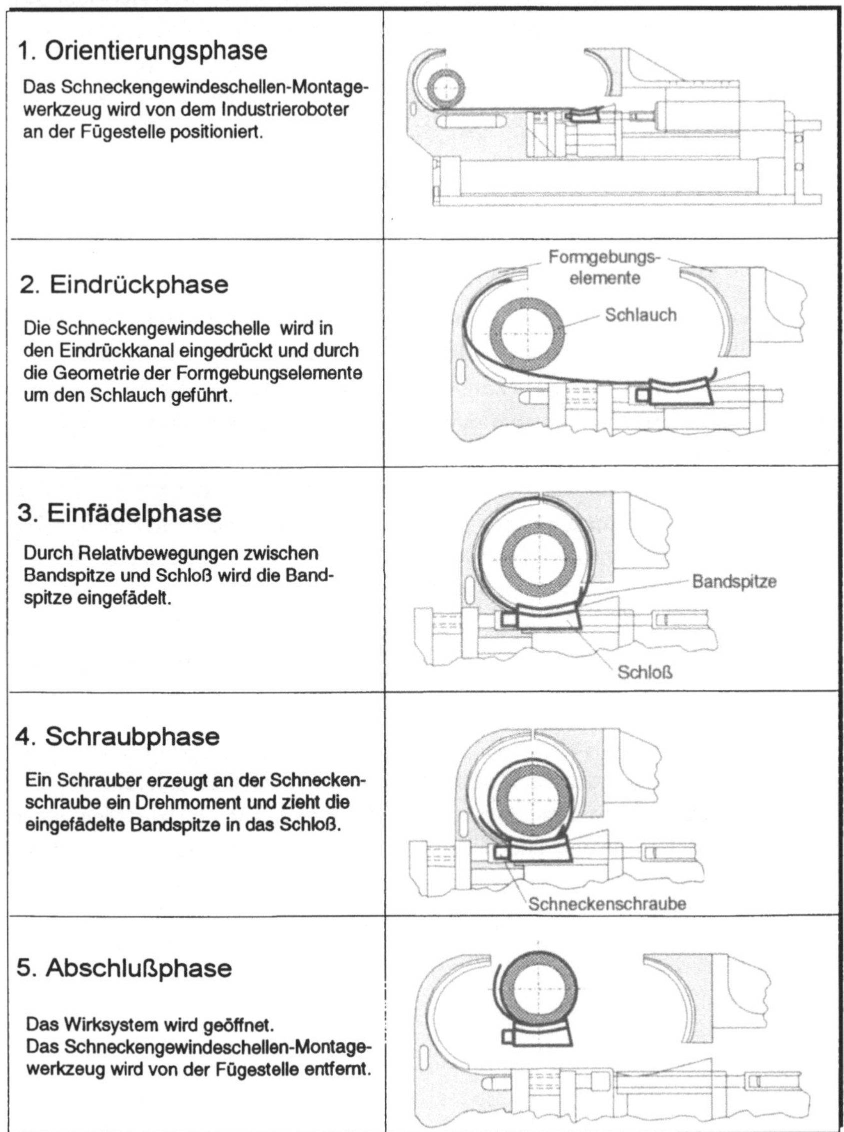

Bild 31: Fügephasen beim Rollbiegen von Schneckengewindeschellen

5.2 Ermittlung der Einflußfaktoren auf den Fügeprozeß

Die Faktoren, die den größten Einfluß auf die Montage der Schneckengewindeschellen nach dem Prinzip des Rollbiegens haben sowie ihre Wechselwirkungen,
müssen theoretisch und experimentell untersucht werden, damit eine optimale Auslegung und Dimensionierung eines Montagewerkzeugs erfolgen kann. Um die ge-
genseitige Abhängigkeit zwischen Eindrückkraft, Eindrückgeschwindigkeit, Eindrückweg und Eindrückzeit zu ermitteln, wurde zunächst eine theoretische Betrachtung des Fügeprozesses durchgeführt. Der Fügeprozeß kann in die Teilprozesse

- Rollbiegen des Schneckengewindeschellen-Bandes,
- Einfädeln der Bandspitze und
- Festschrauben der SGS

aufgeteilt werden. Das Einfädeln stellt ein Problem dar, ähnlich dem klassischen
Bolzen-Loch-Problem, das bereits eingehend theoretisch untersucht wurde /40, 41/.
Die Einflußfaktoren beim Zuschrauben der Schneckengewindeschelle können
ebenfalls aus Untersuchungen zum Automatisieren von Schraubvorgängen /42, 43/
abgeleitet werden.

Um die Einflußfaktoren auf das Rollbiegen einer Schneckengewindeschelle ermitteln
zu können, wurden zunächst anhand praktischer Vorversuche die wesentlichen Einflußfaktoren abgeleitet. Anschließend wurden die wichtigsten Einflußparameter theoretisch und - falls erforderlich - experimentell betrachtet.

5.2.1 Ableitung der wesentlichen Einflußfaktoren auf den Rollbiegeprozeß durch Vorversuche

Es wurden zwei Versuchsstände aufgebaut, die es erlauben, den Ablauf der Eindrückphase bei variierenden Randbedingungen experimentell zu untersuchen. Das
Ziel war, die wesentlichen Einflußparameter auf das Rollbiegen festzustellen, um in
nachfolgenden theoretischen und experimentellen Untersuchungen den Grad der
Wichtigkeit der gefundenen Einflußparameter zu ermitteln und die Einflüsse zu
quantifizieren. Den Versuchsaufbau 1 zeigt Bild 32.

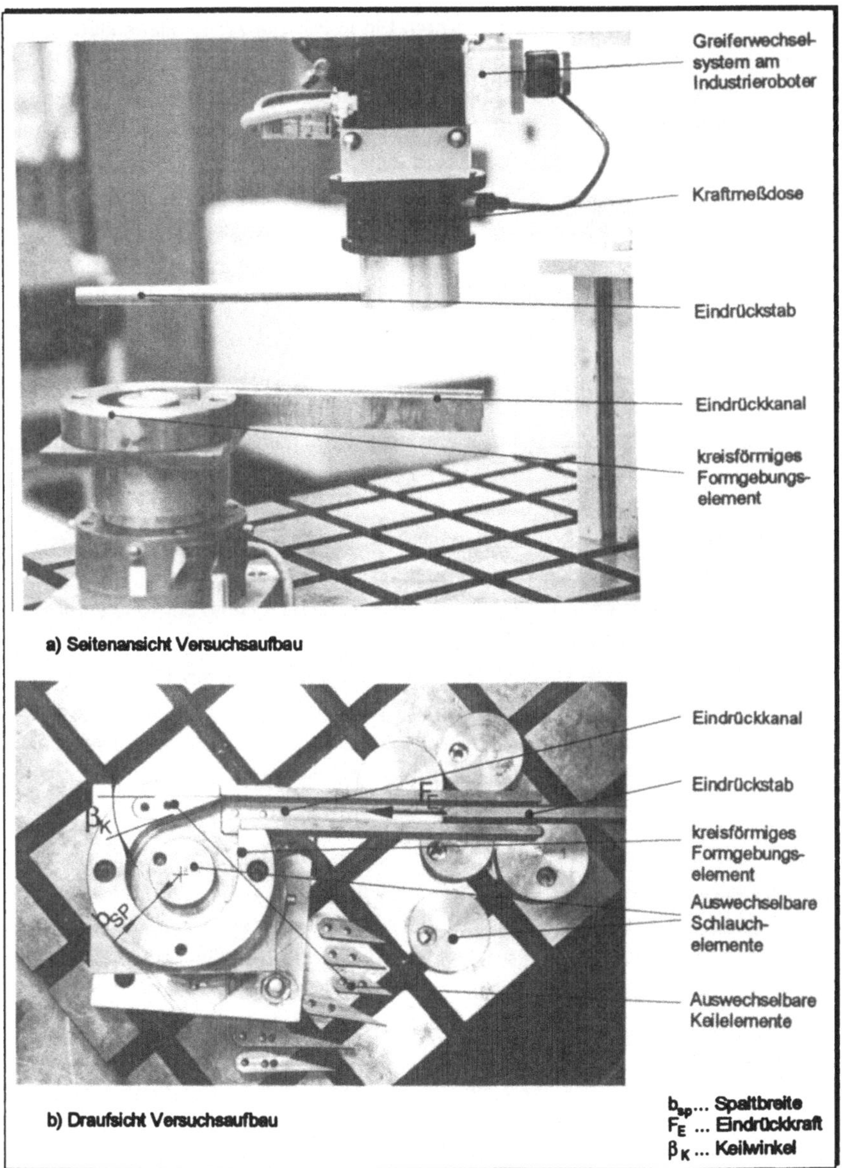

Bild 32: Versuchsaufbau zur Ermittlung der Einflußfaktoren beim Rollbiegen einer Schneckengewindeschelle

Der Versuchsaufbau, bestehend aus einem Eindrückkanal zur Lageorientierung der Schneckengewindeschelle und einem kreisförmigen Formgebungselement zur Aufbringung der Verformungskräfte, wurde in horizontaler Lage auf dem Montagetisch fixiert. Mit Hilfe eines Industrieroboters Manutec r15, an dem ein Kraft-Momenten-Sensor mit einem Eindrückstab angebracht wurde, war es möglich, die Schneckengewindeschelle in die Formgebungselemente einzudrücken und dadurch umzuformen. Die Schneckengewindeschelle wurde manuell in die Versuchsvorrichtung eingelegt und fixiert. Über das einprogrammierte Bewegungsprogramm für den Industrieroboter konnte eine gleichbleibende und reproduzierbare Eindrückbewegung erreicht werden.

Bei den durchgeführten Versuchen wurden folgende Randbedingungen verändert :

- Variation der Eindrückgeschwindigkeit v_E durch den Industrieroboter
- Auswechselbare Keilelemente zur Variation des Anfahrwinkels α_{AN} von 40° bis 90°
- Variation der Spaltbreite b_{sp} zwischen kreisförmigem Formgebungselement und den auswechselbaren Schlauchelementen
- Variation des Durchmessers der Schlauchelemente bei konstanter oder veränderlicher Spaltbreite b_{sp}
- Variation des Durchmessers des Formgebungselementes bei konstanter oder veränderlicher Spaltbreite b_{sp}
- Variation der Berührungsfläche zwischen Schneckengewindeschelle und Versuchsvorrichtung durch auswechselbare Formgebungselemente

Die Aufnahme der Eindrückkraft F_E bei den variierenden Randbedingungen erfolgte durch einen über ein Greiferwechselsystem am Roboterarm befestigten Kraft-Momenten-Sensor. Der Kraft-Momenten-Sensor besteht aus einer Kraftmeßdose und einer Auswerteeinheit, die über ein Terminal und eine V24-Schnittstelle mit der Industrierobotersteuerung verknüpft war.

Aufbauend auf den Erkenntnissen aus den Versuchen mit dieser Versuchsvorrichtung wurde eine zweite Versuchseinrichtung konzipiert und gebaut, mit der ein kompletter Fügeprozeß - Eindrücken, Rollbiegen, Einfädeln und Festschrauben - durchgeführt werden konnte. **Bild 33** zeigt die Versuchsvorrichtung 2, bei der die Versuche entweder manuell oder teilautomatisch durchgeführt wurden.

Die Versuchsvorrichtung 2 diente zur qualitativen Ermittlung der Zusammenhänge zwischen Werkzeuggeometrie und Geometrie der Schneckengewindeschelle. Des weiteren wurden die während des Eindrück- und Einfädelvorgangs wirkenden Kräfte untersucht und definiert. Die Vorversuche zur Ermittlung der wesentlichen Einflußpa-

rameter konnten erstmals den Nachweis erbringen, daß eine Schneckengewindeschelle nach dem Prinzip des Rollbiegens um einen Schlauch gefügt und danach
eingefädelt und verschraubt werden kann, ohne daß ein manueller Eingriff während
des Fügeprozesses erfolgen muß. Die Versuchsergebnisse und die daraus
abgeleiten Erkenntnisse führten zur Eingrenzung der möglichen Einflußparameter
auf den Fügeprozeß von SGS.

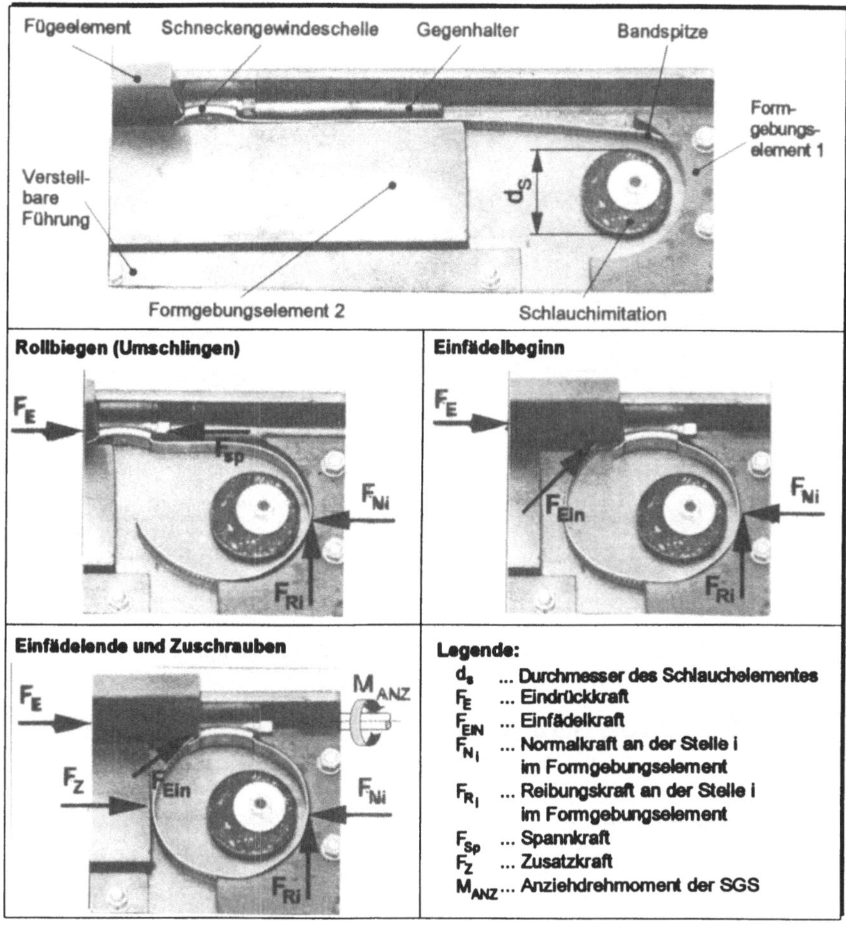

Bild 33: Versuchsvorrichtung 2 zum Rollbiegen, Einfädeln und Zuschrauben einer
Schneckengewindeschelle

Aus den mit den beiden Versuchsaufbauten durchgeführten Eindrück- und Fügeversuchen wurden die in Bild 34 dargestellten wesentlichen Einflußfaktoren auf den Fügeprozeß ermittelt.

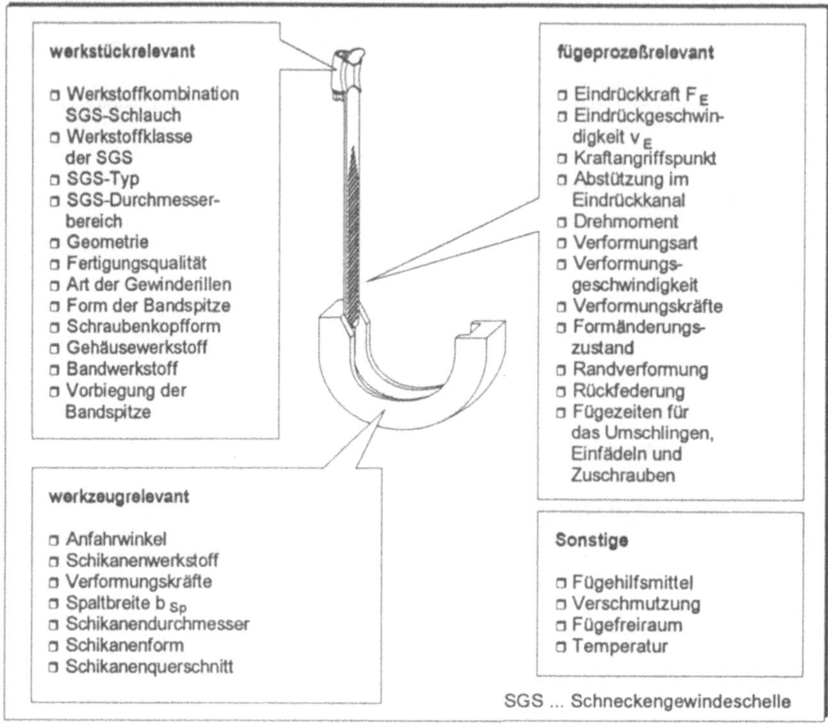

Bild 34: Einflußfaktoren auf den Fügeprozeß von Schneckengewindeschellen

5.2.2 Theoretische und experimentelle Untersuchung der Einflußfaktoren auf den Rollbiegeprozeß

5.2.2.1 Idealisierung

Um Berechnungen zum Rollbiegeprozeß durchführen zu können, wird die Schneckengewindeschelle in zwei geometrisch ideale Körper zerlegt:

    □   das Schneckengewindeschellen-Band und

    □   das Schneckengewindeschellen-Gehäuse

Die Abmessungen der idealisierten Schneckengewindeschelle sind in Bild 35 dargestellt. Als weitere Vereinfachung wird in den folgenden Berechnungen als umzuformender Körper nur noch das Schneckengewindeschellen-Band betrachtet, denn das Schneckengewindeschellen-Gehäuse dient nur als Krafteinleitungspunkt, das während des gesamten Fügevorganges keine Formänderung erfährt.

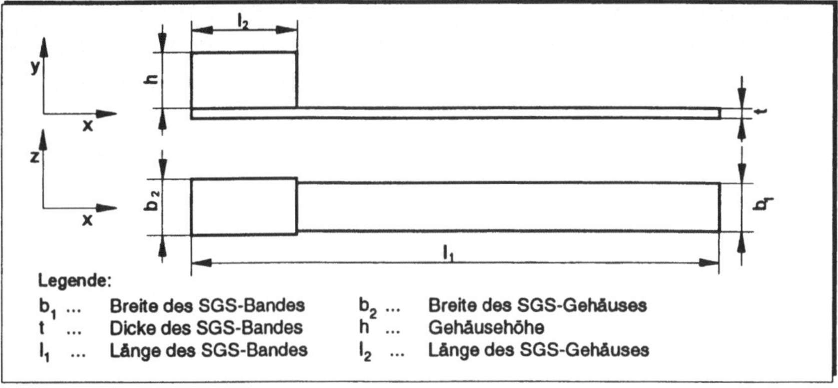

Legende:

b_1	... Breite des SGS-Bandes	b_2	... Breite des SGS-Gehäuses
t	... Dicke des SGS-Bandes	h	... Gehäusehöhe
l_1	... Länge des SGS-Bandes	l_2	... Länge des SGS-Gehäuses

Bild 35: Idealisierung der Schneckengewindeschelle

Folgende Annahmen werden in Anlehnung an /28/ und /29/ gemacht, um das Schneckengewindeschellen-Band geometrisch und physikalisch zu idealisieren:

- ☐ das Band ist Blech mit einem rechteckigen Querschnitt und einer definierten Länge
- ☐ der Kraftangriffspunkt liegt in der Bandachsenebene
- ☐ das Band ist an jeder Stelle gleich dick und gleich breit
- ☐ die Blechdicke bleibt während des Biegens konstant

Das Schneckengewindeschellen-Band ist im Verhältnis zu seiner Dicke sehr breit, theoretisch unendlich breit, so daß nach /28, 29, 30/ keine Randverformungen auftreten und ein ebener Formänderungszustand herrscht. Für die folgenden Berechnungen wird der Einfluß der Randverformung außer acht gelassen.

5.2.2.2 Verformungsart

Beim Umformen der Schneckengewindeschelle nach dem Prinzip des Rollbiegens /25/ wird die Schneckengewindeschelle so verformt, daß am Ende des Rollbiegeprozesses eine Form vorliegt, die der Kreisform möglichst nahe kommt. Während dieses Prozesses wird das Band der Schneckengewindeschelle elastisch und plastisch verformt.

Ideal wäre eine ausschließlich plastische Verformung des Bandes, denn dann könnte mit einem kreisförmigen Formgebungselement die angestrebte Kreisform der Schneckengewindeschelle erreicht werden. Die Kreisform läßt sich mathematisch eindeutig beschreiben, garantiert die Gleichmäßigkeit der Verformung und führt zu einer Konstanz der angreifenden Verformungskräfte über die gesamte Länge der Schneckengewindeschelle.

Die experimentellen Untersuchungen haben jedoch gezeigt, daß die Schneckengewindeschelle nach dem Eindrücken in ein kreisförmiges Formgebungselement und anschließender Herausnahme aus der Versuchsvorrichtung keine eindeutige Kreisform darstellt. Bild 36 zeigt die idealisierte Verformung im Vergleich zur realen Verformung des Schneckengewindeschellen-Bandes.

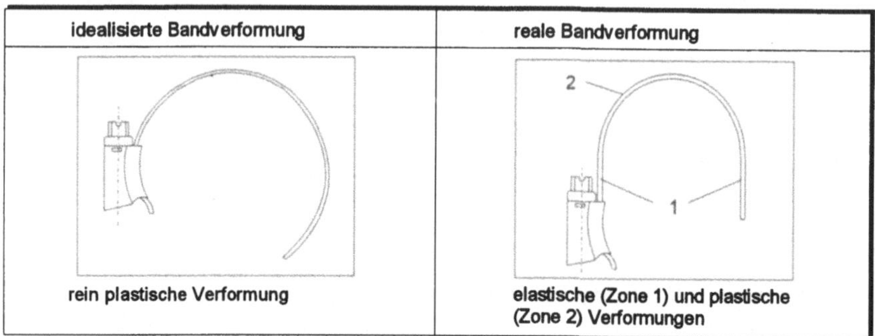

Bild 36:   Idealisierte und reale Bandverformung

Es wird deutlich, daß bei der realen Verformung nicht alle Bereiche des Bandes plastisch verformt werden. Es zeigte sich, daß die Bandspitze und der Bereich am Gehäuse (Zone 1) nicht plastisch verformt werden, da diese Bereiche nach dem Umformprozeß in ihrer ursprünglichen geraden Form vorliegen. Die Zone 2 dagegen hat eine bleibende plastische Verformung erfahren; sie behält nahezu den Kreisbogen bei, der ihr durch die Kreisform der Formgebungselemente aufgezwungen wurde. Daraus läßt sich ableiten, daß die Kräfte, die am Schneckengewindeschellen-Band angreifen, unterschiedlich groß sein müssen.

Vergleicht man nun die theoretisch ideale Kreisform mit der realen Mischform aus geraden und kreisförmigen Elementen, so kann man daraus schließen, daß bei der realen Verformung eine geringere Umformenergie aufgewendet werden muß als bei der idealen Verformung, denn beim realen Vorgang werden Teilstrecken des Schneckengewindeschellen-Bandes gar nicht oder nur elastisch verformt, was im Vergleich zur rein plastischen Verformung in der Theorie einen geringeren Energieaufwand bedeutet.

Der Einflußfaktor "Verformungsart" wirkt sich also für die Auslegung der erforderlichen Eindrückkraft nicht nachteilig aus, wenn man von einer idealen Kreisform bei der Verformung ausgeht, denn die notwendige Eindrückkraft wird bei einer Berechnung eher größer als zu klein gewählt.

5.2.2.3 Anfahrwinkel α_{AN}

Der Anfahrwinkel α_{AN} ist der Winkel, unter dem die Schneckengewindeschelle aus dem Eindrückkanal in die kreisförmigen Formgebungselemente eingeführt wird. Das Schneckengewindeschellen-Band erfährt dadurch zwar eine Auslenkung, aber keine plastische Verformung, denn die eigentliche Formgebung und dadurch eine bleibende Zustandsveränderung tritt erst beim Eintritt in die Formgebungselemente ein. Ideal wäre das tangentiale Einführen der Bandspitze in die Formgebungselemente. Dies kann aber aus konstruktiven Gründen nicht immer realisiert werden. Deshalb muß darauf geachtet werden, daß der Anfahrwinkel größer 30° ist, damit die Gefahr der Selbsthemmung /44/ und damit ein Ausknicken des Bandes ausgeschlossen wird. Der Anfahrwinkel α_{AN} und die Kraftverhältnisse beim Einführen der Bandspitze in die Formgebungselemente sind in <u>Bild 37</u> dargestellt.

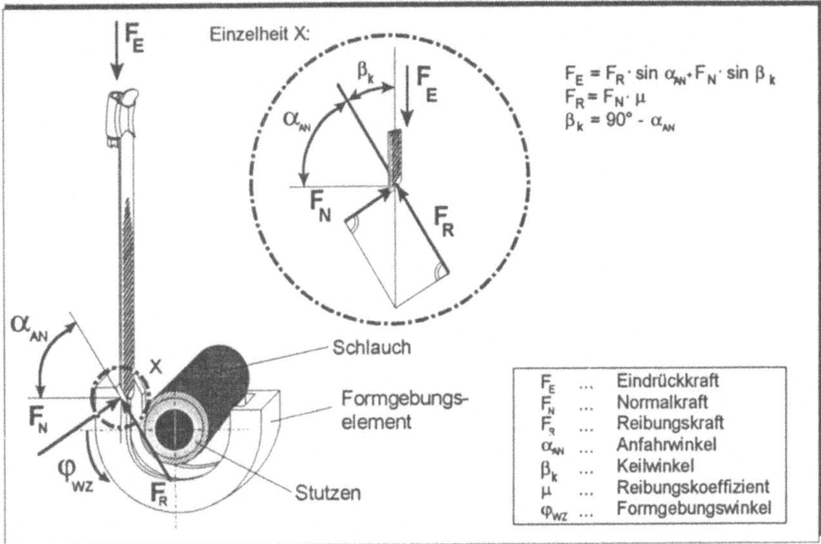

<u>Bild 37:</u> Anfahrwinkel und Kräfteverhältnisse

Aus konstruktiven Gründen muß der Anfahrwinkel zwischen $\alpha_{AN} = 60°$ und $\alpha_{AN} = 90°$ liegen. Die Abhängigkeit der Eindrückkraft F_E vom Anfahrwinkel α_{AN} und der Reibkraft F_R wird durch die Formel [1] deutlich, die sich durch das Kräftegleichgewicht an der Bandspitze ergibt:

$$F_E = F_R \cdot \left(\sin\alpha_{AN} + \frac{1}{\mu} \cdot \cos\alpha_{AN} \right) \qquad [1]$$

Die durchgeführten Versuche (Bild 38) mit variierendem Anfahrwinkel haben gezeigt, daß der Einfluß des Anfahrwinkels α_{AN} auf die Eindrückkraft F_E über den gesamten Eindrückweg s_E vernachlässigbar ist, wenn die Bedingung

$$60° \le \alpha_{AN} \le 90° \qquad [2]$$

eingehalten wird.

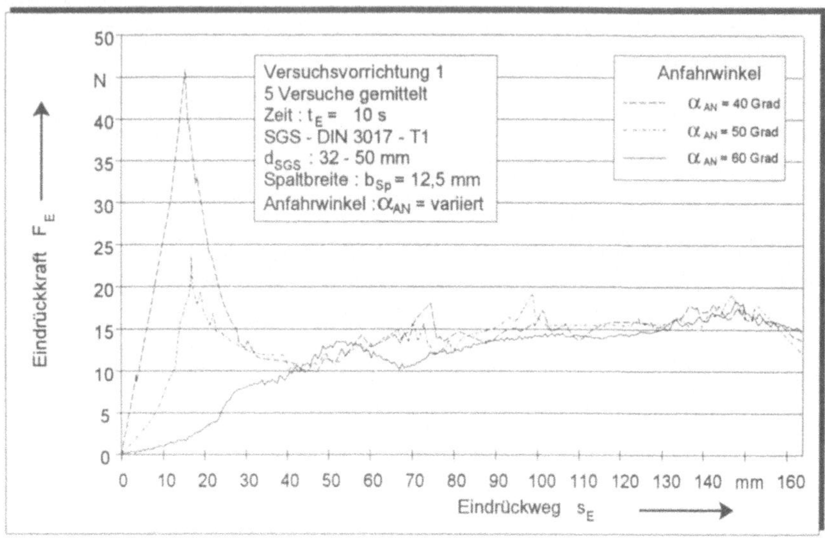

Bild 38:   Einfluß des Anfahrwinkels auf die Eindrückkraft

5.2.2.4   Werkstoff

Nach DIN 3017 - Teil 1 /21/ sind fünf verschiedene Werkstoffklassen für den Bandwerkstoff einer Schneckengewindeschelle zugelassen. Hierbei handelt es sich um rostfreien oder verzinkten Bandstahl. Um die Verformungsvorgänge beim Rollbiegen beschreiben zu können, wird das Werkstoffverhalten beim Umformprozeß durch zwei Geraden idealisiert. Für den Bereich der elastischen Umformung gilt die Hookesche Gerade /45/ und für den elastisch-plastischen Bereich wird eine Gerade mit der Steigung m angenommen.

Für die Anwendbarkeit des Hookeschen Gesetzes ist Voraussetzung, daß die elastischen Eigenschaften des Bandwerkstoffes an jeder Stelle des Bandes und in jeder Richtung gleich sind /45/.

5.2.2.5 Eindrückgeschwindigkeit v_E

Der Formänderungswiderstand eines Werkstoffes hängt von der Geschwindigkeit ab, mit der er verformt wird. Die Formänderungsgeschwindigkeit verhält sich beim Rollbiegen proportional zur Eindrückgeschwindigkeit v_E des Schellenbandes, d.h. die Eindrückgeschwindigkeit der Schneckengewindeschelle in die Formgebungselemente beeinflußt die Fließkurve. Bei erhöhter Verformungsgeschwindigkeit kann bei ferritischen, nichtrostenden Stählen eine Zunahme der Festigkeitskennwerte bei etwa gleichbleibenden Verformungskennwerten festgestellt werden; die Fließkurve wird zu einer höheren Spannung verschoben. Die Fließspannung k_f ist die zur Erreichung und Aufrechterhaltung des Fließens erforderliche Spannung. Diese Verfestigung würde den Formgebungsprozeß der Schneckengewindeschelle negativ beeinflussen, da hierdurch die erforderliche Eindrückkraft F_E größer werden würde.

Dieser Effekt der Verfestigung tritt aber erst bei schlagartiger Beanspruchung und bei höheren Temperaturen ein /45/, was eine Krafteinleitung mit plötzlicher Entfaltung erfordern würde; das Eindrücken des Bandes sollte also langsam und kontinuierlich erfolgen. Um demgegenüber eine möglichst geringe Montagezeit zu erzielen, muß die Eindrückgeschwindigkeit v_E so groß wie möglich gewählt werden. Die durchgeführten Eindrückversuche mit variierender Eindrückgeschwindigkeit (Bild 39) haben gezeigt, daß der Einfluß der Eindrückgeschwindigkeit v_E auf das Werkstoffverhalten vernachlässigbar ist.

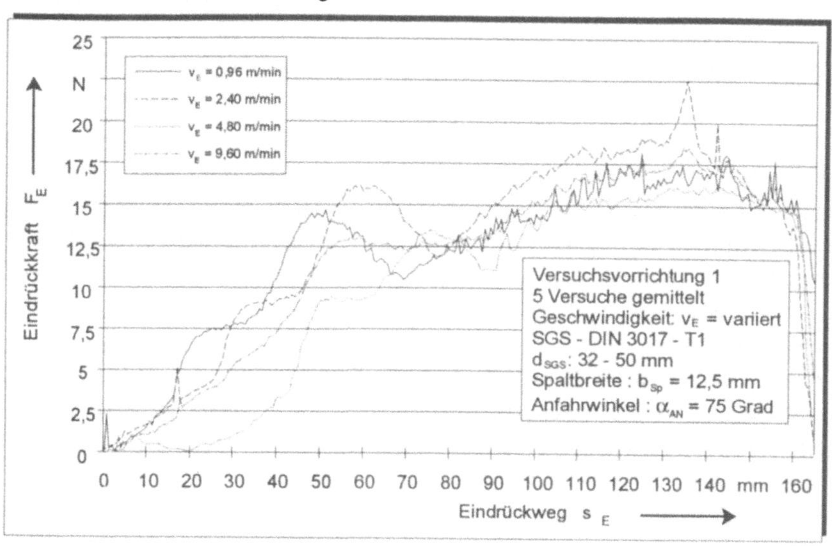

Bild 39:   Einfluß der Eindrückgeschwindigkeit auf die Eindrückkraft

5.2.2.6 Verformungskräfte

Beim realen Verformungsprozeß wird die Formgebung des Bandes durch verschiedene Biegemomente M_B bewirkt, die aus verschiedenen Normalkräften F_N resultieren. Diese Normalkräfte ändern während des Eindrückprozesses ständig - mit fortschreitend größer werdendem Formgebungswinkel φ_{WZ} - ihre Angriffspunkte am Schellenband. Zusätzlich bleibt der Punkt P_V (Bild 40), an dem die Verformung stattfindet, nicht an einer Position; er bewegt sich permanent, wodurch sich die Hebelarme, und somit auch die für die Verformung erforderlichen Momente ständig verändern.

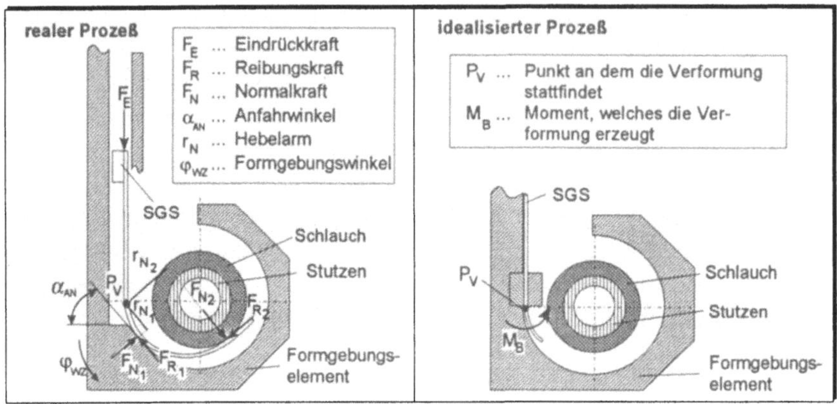

<u>Bild 40:</u>   Kräftedarstellung am Schneckengewindeschellen-Band

Durch das gedachte Festhalten des Punktes P_V, an dem die Verformung auf das Schellenband aufgebracht wird, wird eine Änderung des Biegemomentes vermieden und dadurch ein konstantes Rollbiegemoment auf das Schellenband ausgeübt. Die tatsächlichen Verformungskräfte resultieren aus der aufgebrachten Eindrückkraft F_E. Es müssen also die Formänderungskraft F_{FA}, die notwendig ist, um das Schneckengewindeschellen-Band umzuformen, und die auftretenden Reibungskräfte F_R ermittelt werden, um daraus die erforderliche Eindrückkraft F_E berechnen zu können. Die Größe der notwendigen Eindrückkraft F_E ist abhängig vom momentanen Verformungszustand der Schneckengewindeschelle und vom Formgebungswinkel φ_{WZ}, bis zu dem die Bandspitze der Schneckengewindeschelle schon in das Werkzeug eingedrückt wurde. Um einen Rollbiegeprozeß durchführen zu können, muß gelten:

$$\int_S F_E \, ds \geq E_{FA} + E_R \qquad\qquad [3]$$

D. h. die Arbeit, die durch das Eindrücken des Schellenbandes um den Weg s verrichtet wird, muß gleich der Summe der Formänderungsenergie $E_{FÄ}$ und der Reibenergie E_R sein. Der Großteil der Formänderungsenergie wird durch die Irreversibilität des Umformprozesses in Wärme umgewandelt /26/.

5.2.2.7   Spaltbreite b_{SP}

Während der Orientierungsphase wird durch die Industrieroboterbewegung die Größe der Spaltbreite b_{sp} zwischen den Formgebungselementen und dem Schlauch festgelegt. Die Größe der Spaltbreite ist entscheidend für die Größe der aufzubringenden Eindrückkraft, da sich zusätzlich zu den werkstoff- und verfahrensbedingten Verformungskräften Reibungskräfte zwischen den Formgebungselementen und der Schneckengewindeschelle, sowie zwischen Schlauch und Schneckengewindeschelle überlagern können. Um diesen Einfluß quantifizieren zu können, wurden Eindrückversuche mit variierender Spaltbreite durchgeführt. <u>Bild 41</u> zeigt den Verlauf der erforderlichen Eindrückkraft F_E in Abhängigkeit der Spaltbreite b_{sp} zwischen Schlauch und den Formgebungselementen des Werkzeuges. Es ist deutlich zu erkennen, daß die erforderliche Eindrückkraft F_E mit kleiner werdender Spaltbreite b_{sp} ansteigt. Bei größer werdender Spaltbreite nimmt die Eindrückkraft F_E ab und wird ab einer Spaltbreite von 12 mm nicht mehr nennenswert kleiner.

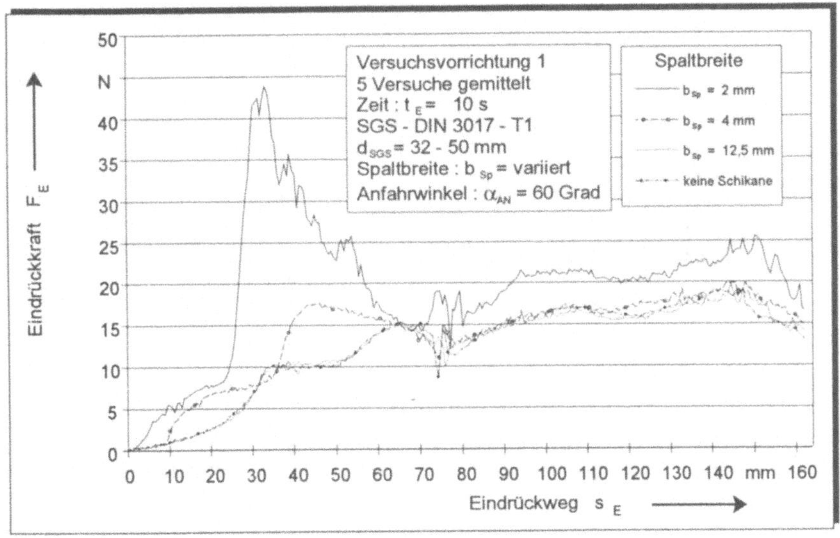

<u>Bild 41:</u>   Eindrückkraft in Abhängigkeit der Spaltbreite

5.2.2.8 Vorbiegung der Bandspitze

Die durchgeführten Vorversuche zum Rollbiegen haben gezeigt, daß es für den Fügeprozeß nützlich ist, die Schellenbandspitze vorzubiegen. Durch eine Vorbiegung der Bandspitze kann erreicht werden, daß

- das Ausknicken des Schellenbandes immer in die gewünschte Richtung verläuft,
- die erforderliche Kraft F_E - um die SGS in die Formgebungselemente einzudrücken - unter einem gewünschten Wert F_{AUS} bleibt,
- das Einfädeln der Bandspitze in das Schneckengewindeschellen-Gehäuse optimal verläuft.

Die Vorbiegung der Bandspitze wird bestimmt durch die Anbiegelänge l_{VB} und den Anbiegewinkel γ_{VB} (Bild 42).

Da der Einfluß einer Vorbiegung oder Anbiegung an der Schneckengewindeschellen-Bandspitze von entscheidender Bedeutung für einen erfolgreichen Fügevorgang ist, sind zur Bestimmung dieses Einflußparameters weitere Untersuchungen notwendig.

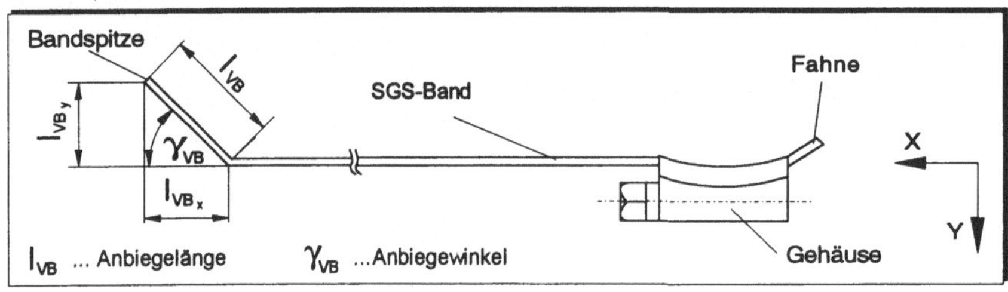

Bild 42: Anbiegelänge und Anbiegewinkel

5.3 Theorie des Rollbiegeprozesses

Die Kenntnis des erforderlichen Biegemomentes, das benötigt wird, um den Umformwiderstand des Schneckengewindeschellen-Bandes zu überwinden, ist für die Werkzeugdimensionierung entscheidend. Wie aus den Betrachtungen der wichtigsten Einflußfaktoren ersichtlich wird, ist eine genaue mathematische Berechnung des erforderlichen Biegemomentes analytisch nur schwer möglich und nur durch Vereinfachungen auf das vorliegende Werkstück Schneckengewindeschelle anwendbar.

Ausgehend von den grundlegenden Arbeiten zur Theorie des Biegens /29, 30, 46, 47/ wurde in einer Vielzahl von Arbeiten versucht, die für die Fertigung wichtigen Daten, wie Kraft- und Arbeitsbedarf, in Formeln auszudrücken. Diese Formeln sind in der Regel empirisch ermittelt worden und nur für spezielle Anwendungsbereiche gültig. Des weiteren werden bei der Betrachtung der Biegevorgänge meistens die Kraftangriffsart und die Einspannung der Werkstücke nicht berücksichtigt /48/. Hinzu kommt, daß zum Rollbiegen als Biegeumformverfahren keine theoretischen Betrachtungen bekannt sind, die eine Berechnung der erforderlichen Kräfte und Momente zulassen. Deshalb soll für den vorliegenden Fall zunächst vom abstrakten Biegevorgang, dem querkraftfreien Biegen, ausgegangen werden, um die auftretenden Biegemomente beim Rollbiegen einer Schneckengewindeschelle ermitteln zu können.

Ziel ist es, durch eine Modellbildung qualitative Angaben zum Rollbiegeprozeß machen zu können, die in Abstimmung mit den später durchzuführenden Versuchen als Hilfsmittel zur Auslegung und Überwachung von Verfahren und Werkzeugen zum Rollbiegen von Schneckengewindeschellen dienen sollen. Die allgemeinen Voraussetzungen und idealisierenden Annahmen für die folgenden Berechnungen des Rollbiegeprozesses sind in <u>Bild 43</u> zusammengefaßt.

Beim realen Vorgang der Blechbiegung liegt ein dreiachsiger Spannungs- und Formänderungszustand vor. In Anlehnung an /27, 28, 29/ wird das erforderliche Biegemoment dadurch bestimmt, daß den Dehnungen der verschiedenen Schichten des Schneckengewindeschellen-Bandquerschnittes die Spannungen der Fließkurve zugeordnet werden. Es wird von einem einachsigen Spannungs- und Formänderungszustand ausgegangen, und der Einfluß der Randverformungen infolge von Schubspannungen wird nicht berücksichtigt, da die in /30/ aufgestellte Bedingung - Verhältnis von Breite zur Dicke größer oder gleich 5 -

$$b_1/t \geq 5 \qquad\qquad [4]$$

bei Schneckengewindeschellen im Normalfall gut erfüllt ist und deshalb die entstehenden Berechnungsfehler sehr klein sind.

❏   ebener Formänderungszustand
❏   Schneckengewindeschellen-Band ist im Verhältnis zur Dicke unendlich breit
❏   ebene und rechtwinklige Querschnitte bleiben eben und rechtwinklig, d.h. die Schwerpunktfaser ist die biegespannungsfreie Faser
❏   Biegemoment wird ohne Querkräfte eingeleitet
❏   homogener und isotroper Werkstoff
❏   keine Randaufwölbungen
❏   elastisch-plastisches Werkstoffverhalten

<u>Bild 43:</u>   Voraussetzungen und Annahmen für die mathematische Beschreibung des Rollbiegeprozesses

Nach /46/ genügt zur Berechnung des Einheitsmomentes aus der Fließkurve der Ansatz nach der "Ludwig-Gleichung" /29/, wenn man keine Einblicke in die inneren Vorgänge beim Biegen gewinnen will. Diese Erkenntnis erlaubt es, in Anlehnung an /47/ einfach zu ermittelnde und anzuwendende Formeln für den vorliegenden Rollbiegeprozeß abzuleiten.

5.3.1 Berechnung des erforderlichen Rollbiegemomentes M_{RB}

Aus der wichtigsten Kenngröße beim Biegevorgang, dem Biegemoment, lassen sich in Abhängigkeit des gewählten Biegevorganges "Rollbiegen" die notwendigen Kräfte berechnen, und anhand dieser Werte kann die Auslegung eines Werkzeugs zur Montage von Schneckengewindeschellen erfolgen.

Die Annahme eines elastisch-plastischen Werkstoffverhaltens basiert auf der Idealisierung des Werkstoffverhaltens in Form von zwei Geraden /27, 28/ (Bild 44). Der elastische Bereich wird durch die Hookesche Gerade, der plastische Bereich durch eine Gerade mit der Steigung m dargestellt.

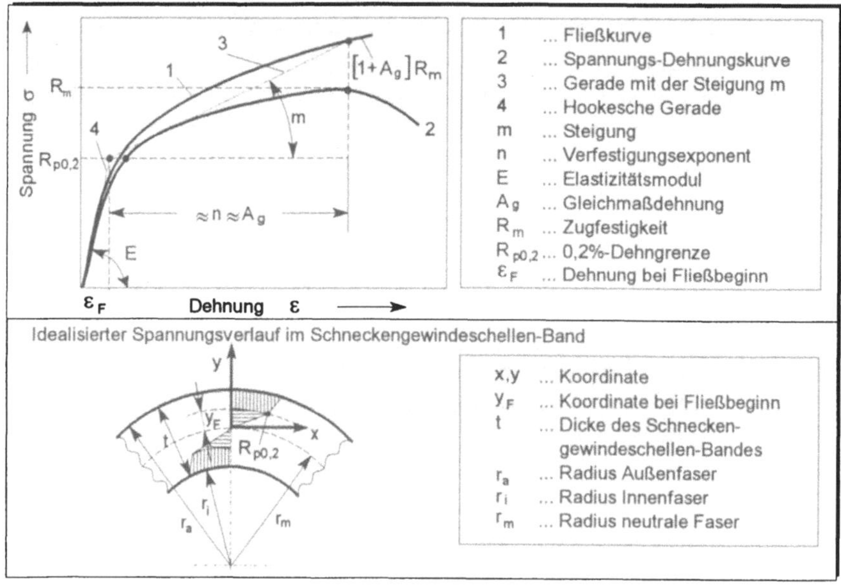

Bild 44: Elastisch-plastisches Werkstoffverhalten

Zur Festlegung der Steigung m wird die Fließkurve (in Bild 44 Kurve 1) des Werkstoffs herangezogen. Die Fließkurve stellt die zur Erreichung und Aufrechterhaltung des Fließens erforderliche Fließspannung k_f des Werkstoffs dar.

Bei der Zugfestigkeit R_m ist die Fließspannung:

$$k_f \approx \left(1 + A_g\right) \cdot R_m \qquad [5]$$

Für die Steigung der im elastisch-plastischen Bereich festgelegten Geraden 3 (Bild 44) gilt:

$$m \approx \frac{\left(1 + A_g\right) \cdot R_m - R_{p0,2}}{A_g} \qquad [6]$$

Für den Verlauf der Biegespannung im Schneckengewindeschellen-Band gilt im Bereich der Hookeschen Geraden:

$$\sigma_{xel} = \sigma_{0-y_F} = E \cdot \varepsilon = E \cdot \frac{y}{r_m} \qquad [7]$$

mit r_m = Biegeradius bis Mittelfaser des Bandes.

Die Biegespannung von der Stelle y_F, wo die Biegespannung gleich der Fließgrenze ist, bis zum Rand des Schneckengewindeschellen-Bandes kann nach Bild 44 wie folgt berechnet werden:

$$\sigma_{xpl} = \sigma_{y_F-\frac{t}{2}} = R_{p0,2} + m \cdot \left(\varepsilon - \varepsilon_F\right) \qquad [8]$$

Mit der Dehnung an der Fließgrenze ergibt sich die Biegespannung zu:

$$\sigma_{xpl} = \sigma_{y_F-\frac{t}{2}} = R_{p0,2} + m \cdot \left(\frac{y}{r_m} - \frac{R_{p0,2}}{E}\right) \qquad [9]$$

Nachdem die Gleichungen [8], [9] und die Dehnung an der Fließgrenze für die Spannungsverläufe bekannt sind, kann die obere Schranke für das Biegemoment durch Integration berechnet werden. Das Biegemoment setzt sich aus einem elastischen und einem plastischen Anteil zusammen.

$$M_B = 2 \cdot \int_{y=0}^{y_F} \sigma_{xel} \cdot y \cdot dA + 2 \cdot \int_{y=y_F}^{\frac{t}{2}} \sigma_{xpl} \cdot y \cdot dA \qquad [10]$$

Durch Integration, Einsetzen von [7], [9] und der Grenzwerte ergibt sich die Gleichung für die obere Schranke des erforderlichen Rollbiegemoments beim überelastischen Biegen zu:

$$M_{RB} = b \cdot r_m{}^2 \cdot \left\{ \frac{2}{3} \cdot \left(\frac{R_{p0,2}}{E} \right)^3 \cdot \left(E + \frac{\left((1+A_g) \cdot R_m - R_{p0,2} \right)}{2 \cdot A_g} \right) - \left(\frac{R_{p0,2}}{E} \right)^2 \cdot R_{p0,2} \right\}$$

$$+ \frac{b \cdot t^3}{12} \cdot \frac{\left((1+A_g) \cdot R_m - R_{p0,2} \right)}{r_m \cdot A_g} + \frac{b \cdot t^2}{4} \cdot R_{p0,2} - \frac{b \cdot t^2}{4} \cdot \frac{R_{p0,2}}{E} \cdot \frac{\left((1+A_g) \cdot R_m - R_{p0,2} \right)}{A_g} \quad [11]$$

5.3.2 Berechnung der erforderlichen Eindrückkraft F_E

Der Rollbiegeprozeß einer Schneckengewindeschelle kann nur dann durchgeführt werden, wenn die Eindrückkraft F_E, die auf das gehäuseseitige Ende der Schneckengewindeschelle wirkt, größer ist als die Summe aller auftretenden Reibungskräfte F_R und Formänderungskräfte $F_{FÄ}$. Zur Überwachung des Fügeprozesses ist es notwendig, den theoretischen Soll-Verlauf der Eindrückkraft einer Schneckengewindeschelle in Abhängigkeit des Formgebungswinkels φ_{WZ} zu kennen, damit auftretende Prozeßfehler oder Werkstückfehler erkannt werden können.

Um den Verlauf der Eindrückkraft F_E in Abhängigkeit des Formgebungswinkels φ_{WZ} ermitteln zu können, wird in Anlehnung an /49/ davon ausgegangen, daß das Schneckengewindeschellen-Band an der Stelle P_V eine starke Krümmungsänderung erfährt. Diese Krümmungsänderung verläuft bis zu einem bestimmten Winkel φ_{WZ_F}, wo die wirkende Biegespannung gleich der Fließgrenze ist, rein elastisch. Ab dem Winkel φ_{WZ_F} erfolgt eine plastische Verformung und damit eine unumkehrbare Krümmungsänderung am Band (<u>Bild 45</u>).

Aus der Literatur sind keine Berechnungsformeln bekannt, die die Berechnung der Rollbiegekraft in Abhängigkeit des Eindrückweges oder Eindrückwinkels erlauben.

Vorversuche haben gezeigt, daß die kritische Phase des Rollbiegeprozesses zu Beginn des Eindrückprozesses auftritt, denn hier muß die Schneckengewindeschellen-Bandspitze in die Nut des Formgebungselementes einlaufen. Es hat sich gezeigt, daß der Prozeß nach dem Einlaufen in die Nut sicher abläuft. Erst bei Erreichen der Einfädelphase, wenn die Bandspitze das Schneckengewindeschellen-Schloß oder das Fügeelement berührt, beginnt die zweite kritische Prozeßphase.

Im folgenden wird deshalb für die Eindrückkraft F_E eine mathematische Beziehung entwickelt, die den Verlauf von F_E in Abhängigkeit des Formgebungswinkels φ_{WZ}

hinreichend genau abbildet. Für die kritische Anfangsphase ($0 \leq \varphi_{WZ} \leq \pi/2$) wird auf der Grundlage der bernoullischen Hypothese /50, 51/ mit der Theorie der geraden Biegung die Eindrückkraft F_E berechnet.

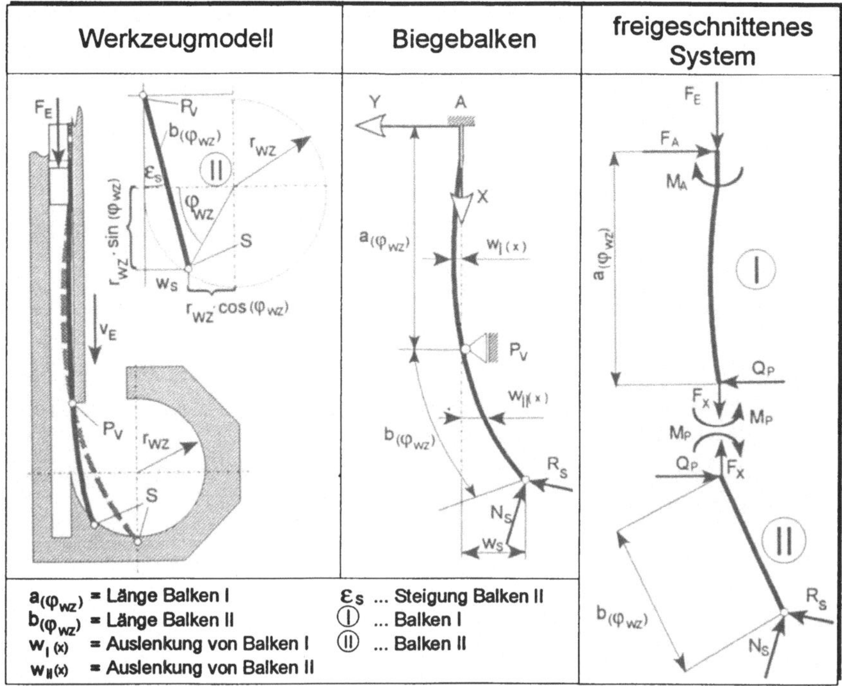

<u>Bild 45:</u>   Kräfte und Momente am Schneckengewindeschellen-Band

Das Gehäuse der Schneckengewindeschelle kann als feste Einspannung (Lager A) betrachtet werden, denn es kann aufgrund der formschlüssigen Führung des Gehäuses nicht verdreht werden, noch kann es gegen seine Bewegungsrichtung verschoben werden (dreiwertiges Lager). Das Band liegt in P_V punktuell an der rechtwinkligen Kante des Werkzeugs auf. Lager P_V ist somit ein veschiebbares Gelenklager, welches nur Kräfte in y-Richtung aufnehmen kann. In diesem Fall bewegt sich das Band mitsamt Festlager A mit der Eindrückgeschwindigkeit v_E nach unten, während das Lager P_V ortsfest ist. Die Schneckengewindeschellen-Bandspitze liegt im Punkt S an dem Formgebungselement an.

Durch die Kreisform des Formgebungselementes biegt sich das Band im Laufe der Eindrückung immer stärker durch. Dabei entsteht eine Auslenkung $w_I(x)$ zwischen den Lagern A und P_V, und eine schnell ansteigende Auslenkung $w_{II}(x)$ an der Bandspitze S.

Die Annahmen für die Theorie des Biegebalkens sind nur für sehr kleine Auslenkungen w(x) gültig. Die horizontale Abweichung der Bandspitze vom Ausgangspunkt $w_{\parallel}(x)$ ist aber schon bei kleinen Winkeln φ_{wz} relativ groß.

Um mit dieser Biegetheorie auch für größere Abweichungen w_s tragbare Ergebnisse zu bekommen, wird das System im Lager P_V in zwei Teile, Band I und II, freigeschnitten. Dabei werden folgende Annahmen getroffen:

- Band I wird als Biegebalken mit "kleiner" Auslenkung $w_I(x)$ betrachtet.

- Band II biegt sich bis zu einem bestimmten Winkel φ_{wzF} nicht durch und kann solange als starrer Balken mit der Auslenkung w_s behandelt werden.

Die durchgeführten Versuche haben gezeigt, daß diese Annahmen bis zu einem Formgebungswinkel φ_{wz} von 90 ° gültig sind.

Im freigeschnittenen System bewegt sich der Punkt A mitsamt Koordinatensystem auf das feststehende Lager P_V zu. Dabei nimmt die Strecke $a(\varphi_{wz})$ ab, während $b(\varphi_{wz})$ um den selben Betrag zunimmt.

Die Steigung $w_{\parallel}'(x)$ von Träger II nimmt mit dem Winkel φ_{wz} zu und ist gleich der Steigung $w_I'(a)$ von Balken I im Punkt P_V.

Es gilt: $w_I'(a) = w_{\parallel}'(a)$ [12]

Die Steigung $w_{\parallel}'(x)$ von Balken II kann über geometrische Beziehungen am Kreis mit dem Radius des Formgebungselementes r_{wz} ermittelt werden. Damit kann das von φ_{wz} abhängige Moment M_P im Schnittpunkt P_V über die Differentialgleichung der Biegelinie berechnet werden. Die ebenfalls von φ_{wz} abhängige, resultierende Eindrückkraft F_E wird aus den zu überwindenden Reibungskräften und der Kraft F_x bestimmt, welche aus dem Moment M_P und geometrischen Beziehungen zwischen Band II und dem Werkzeug bestimmt werden.

Betrachtungen am Balken I (Bild 45):

Aus den Gleichgewichtsbedingungen am freigeschnittenen Balken I ergibt sich der Querkraft- Q(x) und Momentenverlauf M(x):

Die auf der Annahme vom "Ebenbleiben der Querschnitte" aufbauende Differentialgleichung der Biegelinie für elastische Verformung lautet:

$$E\,I\,w_I''(x) = -M(x)$$ [13]

Darin ist EI die Biegesteifigkeit des Trägermaterials und $w_I''(x)$ die 2. Ableitung der Biegelinie. Mit den Integrationskonstanten C_1 und C_2 und den eingesetzten Randbedingungen erhält man durch zweifache Integration von Gleichung [13] das Biegemoment M_P, welches nur von der bekannten Biegesteifigkeit EI und den geometrischen Größen $a(\varphi_{WZ})$ und $w_I'(x=a)$ abhängig ist.

$$M_P = \frac{4E\,I}{a(\varphi_{WZ})}\, w_I'(a) \qquad [14]$$

Betrachtungen am Balken II (Bild 45):

Die Steigung am Balken II $w_{II}'(a)$ im Punkt P_V und die Länge des Balkens $b(\varphi_{WZ})$ werden aus den geometrischen Beziehungen an den Formgebungselementen des SGS-Montagewerkzeuges bestimmt:

$$w_{II}'(a) = \tan\varepsilon_S \qquad [15]$$

Für den Winkel ε_S ergibt sich mit Hilfe trigonometrischer Beziehungen:

$$\varepsilon_S(\varphi_{WZ}) = \arctan\left[\frac{1-\cos\varphi_{WZ}}{1+\sin\varphi_{WZ}}\right] \qquad [16]$$

Mit [16] berechnet sich die mit φ_{WZ} veränderliche Länge $b(\varphi_{WZ})$ zu:

$$b(\varphi_{WZ}) = \frac{r_{WZ}\cdot(1+\sin\varphi_{WZ})}{\cos[\varepsilon_S(\varphi_{WZ})]} \qquad [17]$$

Somit erhält man aus [14], [15], [17] und $a(\varphi_{WZ}) = l_1 - b(\varphi_{WZ})$ das von φ_{WZ} abhängige Moment M_P, welches beim freigeschnittenen System an der Schnittstelle P_V wirkt:

$$M_P = \frac{4EI}{l_1 - b(\varphi_{WZ})}\, \tan\varepsilon_S \qquad [18]$$

Durch Integration von [13], Einsetzen der Randbedingungen und [18] ergibt sich die Lagerkraft F_A zu:

$$F_A = \frac{3M_P}{2(l_1 - b(\varphi_{WZ}))} \qquad [19]$$

Auf die Bandspitze S kann von dem Formgebungselement nur die Normalkraft N_S und die daraus resultierende Reibungskraft R_S ausgeübt werden (<u>Bild 46</u>).

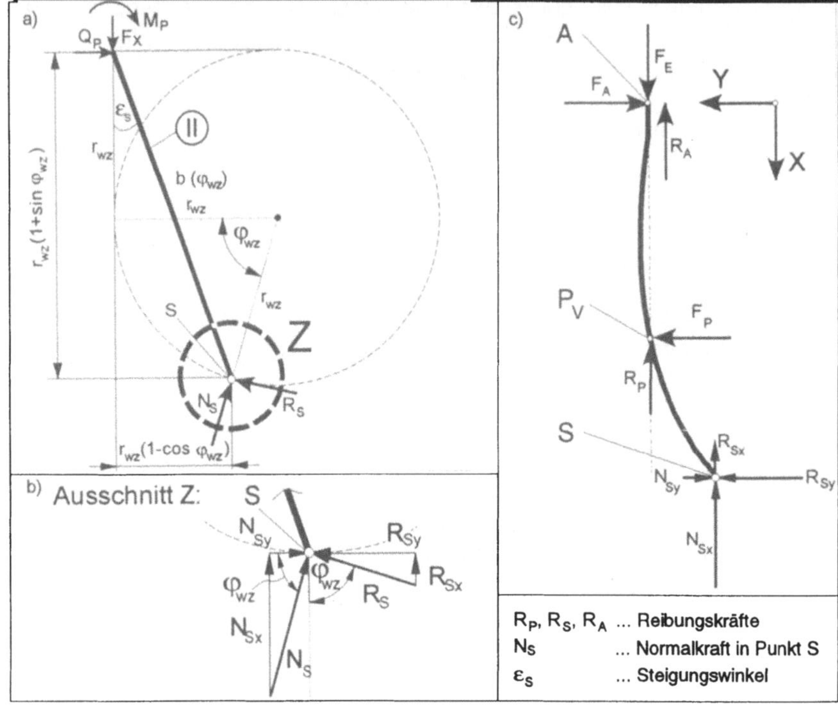

<u>Bild 46:</u>   Kräfteverhältnisse an der Schneckengewindeschelle

Um die Schneckengewindeschelle in die Formgebungselemente einzudrücken, müssen also der Normalkraftanteil N_{Sx}, die aus der Normalkraft N_S resultierende Reibungskraft R_{Sx} sowie die Reibungskräfte R_A am Gehäuse und R_P an der Stelle P_V überwunden werden.

Für die x- und y-Anteile der Normal- und Reibungskraft gelten folgende Zusammenhänge:

$$R_{Sx} = R_S \cdot \cos\varphi_{wz} \qquad [20]$$

$$R_{Sy} = R_S \cdot \sin\varphi_{wz} \qquad [21]$$

$$N_{Sx} = N_S \cdot \sin\varphi_{wz} \qquad [22]$$

$$N_{Sy} = N_S \cdot \cos\varphi_{wz} \qquad\qquad [23]$$

Für die Reibungskraft an der Stelle S gilt:

$$R_S = \mu \cdot N_S \qquad\qquad [24]$$

Das Momentengleichgewicht um den Punkt P_V liefert schließlich die Normalkraft, die für die Erzeugung des Momentes M_P erforderlich ist:

$$N_S = \frac{M_P}{r_{wz} \cdot \left\{ (\sin\varphi_{wz} + \mu \cdot \cos\varphi_{wz}) \cdot (1 - \cos\varphi_{wz}) + (\cos\varphi_{wz} - \mu \cdot \sin\varphi_{wz}) \cdot (1 + \sin\varphi_{wz}) \right\}} \quad [25]$$

Aus dem Kräftegleichgewicht in X-Richtung folgt (Bild 46 c):

$$F_E = R_A + R_P + N_{Sx} + R_{Sx} \qquad\qquad [26]$$

Mit einem an allen 3 Berührungspunkten gleichen Reibungskoeffizienten μ zwischen Band und Werkzeug erhält man die Reibungskräfte R_A und R_P.
Mit dem Kräftegleichgewicht in y-Richtung erhält man die Lagerreaktion F_P:

$$F_P = F_A + N_{Sy} - R_{Sy} \qquad\qquad [27]$$

Die Lagerkraft in P_V ergibt sich durch Einsetzen von [19], [21], [23], in [27],

$$F_P = M_P \left(\frac{3}{2(l_1 - b(\varphi_{WZ}))} + \frac{\cos\varphi_{wz} - \mu \cdot \sin\varphi_{wz}}{r_{wz} \cdot \left\{ (\sin\varphi_{wz} + \mu \cdot \cos\varphi_{wz}) \cdot (1 - \cos\varphi_{wz}) + (\cos\varphi_{wz} - \mu \cdot \sin\varphi_{wz}) \cdot (1 + \sin\varphi_{wz}) \right\}} \right) \quad [28]$$

Durch das Einsetzen der Reibungskräfte und der Gleichungen [18], [19], [21], [23], [24], [25] in [26] folgt die resultierende Eindrückkraft F_E in Abhängigkeit vom Formgebungswinkel φ_{WZ}:

$$F_E = 4EI \frac{1 - \cos\varphi_{wz}}{1 + \sin\varphi_{wz}} \left(\frac{3\mu}{l_1 - b(\varphi_{WZ})} + \frac{2\mu\cos\varphi_{wz} + \sin\varphi_{wz} - \mu^2 \sin\varphi_{wz}}{r_{wz} \cdot \left\{ (\sin\varphi_{wz} + \mu \cdot \cos\varphi_{wz}) \cdot (1 - \cos\varphi_{wz}) + (\cos\varphi_{wz} - \mu \cdot \sin\varphi_{wz}) \cdot (1 + \sin\varphi_{wz}) \right\}} \right) \quad [29]$$

Zur zahlenmäßigen Berechnung von F_E müssen die von φ_{WZ} abhängigen Größen $b(\varphi_{WZ})$ [17] und $\varepsilon_S(\varphi_{WZ})$ [16] in die Gleichung [29] eingesetzt werden.

Die Gleichung [29] ist für den kritischen Anfangsbereich der Umschlingungsphase

$$0 \le \varphi_{WZ} \le \frac{\pi}{2} \qquad\qquad [30]$$

gültig. Für den unkritischen Bereich wird in Anlehnung an /52/ eine obere Grenze für $F_{E_{max}}$ eingeführt:

$$F_{E_{max}} = \frac{R_{p0,2} \cdot b_1 \cdot t^2}{4 \cdot r_{WZ} \cdot (1-\mu)} \qquad\qquad [31]$$

<u>Bild 47</u> zeigt die berechneten Kurvenverläufe von F_E und die obere Grenze $F_{E_{max}}$ in Abhängigkeit vom Reibungskoeffizienten μ zwischen dem Band der Schneckengewindeschelle und den Berührflächen mit dem Formgebungselement.

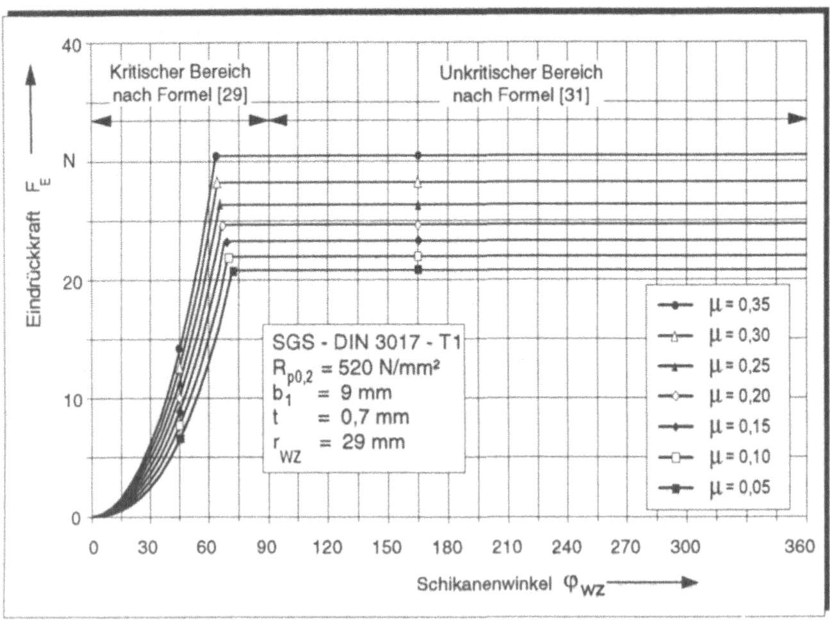

<u>Bild 47:</u>   berechneter Eindrückkraftverlauf

5.3.3 Berechnung der optimalen Anbiegung

Damit der Rollbiegeprozeß erfolgreich durchgeführt werden kann, muß die Geometrie der Formgebungselemente optimiert und die optimale Anbiegung der Schellenbandspitze ermittelt werden (<u>Bild 48</u>). Die optimale Anbiegung wird durch die drei Parameter

- ◻ Anbiegelänge l_{VB} der Bandspitze,
- ◻ Anbiegewinkel γ_{VB} der Bandspitze und
- ◻ Formgebungswinkel φ_{WZ}

bestimmt.

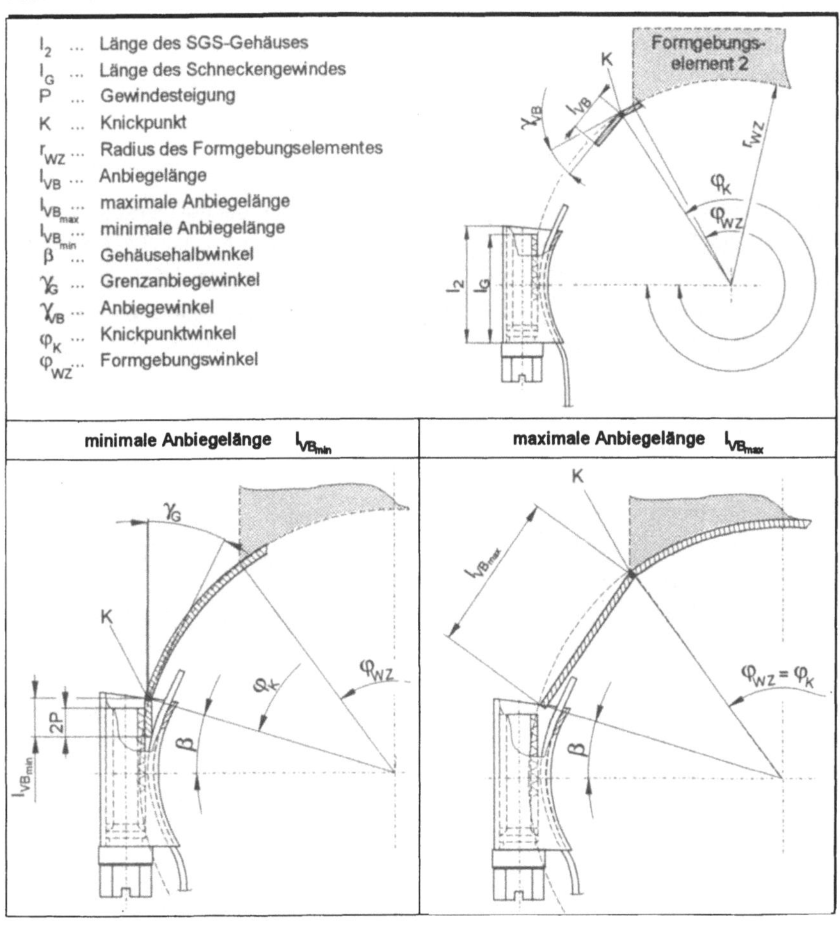

<u>Bild 48</u>: Ermittlung der Anbiegelänge l_{VB}

Um die optimale Anbiegung einer Schneckengewindeschelle nicht für jeden Anwendungsfall mit Hilfe von Fügeversuchen ermitteln zu müssen, wird im folgenden eine Berechnungsmethode der optimalen Anbiegelänge l_{VB} und des optimalen Anbiegewinkels γ_{VB} in Abhängigkeit des Formgebungswinkels φ_{WZ} entwickelt.

Die optimale Anbiegelänge l_{VB} stellt das Maß dar, mit dem die Spitze des Schneckengewindeschellen-Bandes vor dem Fügeprozeß angebogen werden muß, damit der Einfädelprozeß erfolgreich abläuft.

Die **minimale Anbiegelänge** $l_{VB_{min}}$ ergibt sich aus der Geometrie des Schneckengewindeschellen-Gehäuses; sie ist das Maß dafür, wie weit die Schellenbandspitze zu Beginn des Einfädelvorgangs mindestens in das Gehäuse eingeführt werden muß, damit das Band vom Gewinde erfaßt und eingezogen werden kann.

$$l_{VB_{min}} = 2 \cdot P + (l_2 - l_G) \qquad [32]$$

Die **maximale Anbiegelänge** $l_{VB_{max}}$ ist die Anbiegelänge, bei der gerade noch ein Einfädeln möglich ist, d.h. der Winkel φ_K an der Stelle des Knickpunktes K ist bei maximal möglicher Anbiegelänge $l_{VB_{max}}$ gleich dem Formgebungswinkel φ_{WZ}. Daraus folgt, daß die maximale Anbiegelänge $l_{VB_{max}}$ nur von den geometrischen Daten der eingesetzten Schneckengewindeschellen und denen der Formgebungselemente abhängig ist:

$$l_{VB_{max}} = \sqrt{2 \cdot r_{WZ}^2 (1 - \cos(360° - \beta - \varphi_{WZ}))} \qquad [33]$$

Aufgrund der theoretischen Betrachtung läßt sich ableiten, daß sich für eine vorgegebene Länge l_{VB} ein minimaler Anbiegewinkel $\gamma_{VB_{min}}$ und ein maximaler Anbiegewinkel $\gamma_{VB_{max}}$ ergibt, innerhalb deren Grenzen ein Einfädeln möglich ist.
Der Zusammenhang zwischen den projizierten Größen der Anbiegelänge und dem Anbiegewinkel lautet wie folgt:

$$l_{VB_x} = \cos \gamma_{VB} \cdot l_{VB} \qquad [34]$$

$$l_{VB_y} = \sin \gamma_{VB} \cdot l_{VB} \qquad [35]$$

Der Anbiegewinkel γ_{VB}, der erforderlich ist, um bei der Mindestanbiegelänge $l_{VB_{min}}$ ein tangentiales Einfädeln zur Schraubenachse zu ermöglichen, wird als Grenzanbiegewinkel γ_G bezeichnet.

$$\gamma_G = 360° \cdot \left[1 - \frac{\left(l_1 - \frac{l_2}{2} - l_{VB_{min}} \right)}{d_{WZ} \cdot \pi} \right] \qquad [36]$$

Die untere Begrenzungslinie des Fügefeldes, die nicht unterschritten werden darf, um ein Einfädeln zu gewährleisten, kann in Abhängigkeit von l_{VB_x}, l_{VB_y} und γ_{VB} ausgedrückt werden.

Im Grenzfall mit $l_{VB_{min}}$ und γ_G gilt mit [34],[35] und [36]:

$$l_{VB_x} = \cos\left(360° \cdot \left[1 - \frac{\left(l_1 - \frac{l_2}{2} - l_{VB_{min}} \right)}{d_{WZ} \cdot \pi} \right] \right) \cdot l_{VB_{min}} \qquad [37]$$

$$l_{VB_y} = \sin\left(360° \cdot \left[1 - \frac{\left(l_1 - \frac{l_2}{2} - l_{VB_{min}} \right)}{d_{WZ} \cdot \pi} \right] \right) \cdot l_{VB_{min}} \qquad [38]$$

Mit den Gleichungen [37] und [38] können die Feldbegrenzungslinien in Abhängigkeit der jeweiligen geometrischen Daten einer Schneckengewindeschelle berechnet werden. Mit einer Umformung nach l_{VB} ergeben sich aus [37] und [38]:

$$l_{VB}(\gamma_{VB}, l_{VB_x}) = \frac{\cos\left(360° \cdot \left[1 - \frac{\left(l_1 - \frac{l_2}{2} - l_{VB_{min}} \right)}{d_{WZ} \cdot \pi} \right] \right) \cdot l_{VB_{min}}}{\cos\gamma_{VB}} \qquad [39]$$

$$l_{VB}(\gamma_{VB}, l_{VB_y}) = \frac{\sin\left(360° \cdot \left[1 - \frac{\left(l_1 - \frac{l_2}{2} - l_{VB_{min}} \right)}{d_{WZ} \cdot \pi} \right] \right) \cdot l_{VB_{min}}}{\sin\gamma_{VB}} \qquad [40]$$

Wie gezeigt, hängen die maximale Anbiegelänge $l_{VB_{max}}$ und der maximale Anbiegewinkel $\gamma_{VB_{max}}$ von der Schneckengewindeschellen-Geometrie und von der Geometrie des Formgebungselementes ab.

<u>Bild 49</u> zeigt das berechnete Fügefeld für einen ausgewählten Schneckengewindeschellen-Typ. Wird eine Anbiegung der Schellenbandspitze gewählt, die innerhalb

des - für die ausgewählte Schneckengewindeschelle gültigen - Fügefeldes liegt, verläuft der Fügeprozeß mit sehr hoher Wahrscheinlichkeit erfolgreich ab.

Das Fügefeld wird von vier Feldbegrenzungslinien eingeschlossen. Feldbegrenzungslinie 1 ergibt sich aus [39] und bildet die linke Schranke. Ab dem Schnittpunkt von Feldbegrenzungslinie 1 und Feldbegrenzungslinie 2 (Formel [40]) schließt die Feldbegrenzunglinie 2 das Fügefeld nach unten ab. Nach rechts wird das Fügefeld durch den maximalen Anbiegewinkel $\gamma_{VB_{max}}$ als Funktion des Formgebungswinkels φ_{WZ} abgeschlossen (Feldbegrenzungslinie 3). Die obere Grenze bildet die maximale Anbiegelänge $l_{VB_{max}}$ [33] als Feldbegrenzungslinie 4.

Die beiden Feldbegrenzungslinien 3 und 4 lassen sich aus <u>Bild 49</u> in Abhängigkeit des Formgebungswinkels φ_{WZ} graphisch ermitteln.

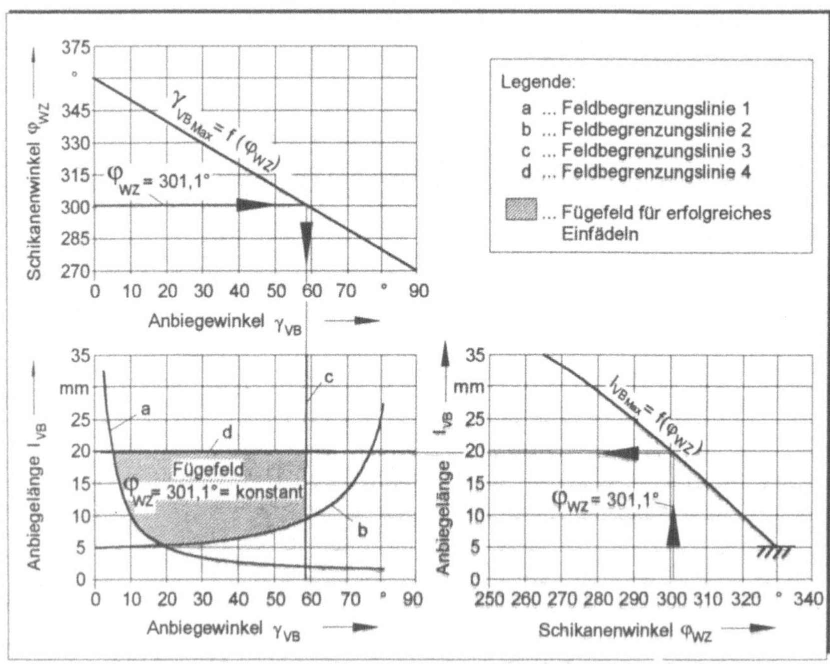

<u>Bild 49:</u>   Darstellung des berechneten Fügefeldes für die optimale Anbiegung

6 Versuchsaufbau zur flexibel automatisierten Montage von Schneckengewindeschellen

6.1 Gesamtaufbau der Versuchsmontagezelle

Zur Erprobung der entwickelten Verfahren und Werkzeuge für die flexibel automatisierte Montage von Schneckengewindeschellen wurde am Beispiel der Montage einer Laugenpumpe eine Versuchsmontagezelle realisiert. Die realisierte Gesamtanlage arbeitet nach dem Verfahren mit sequentieller Montagereihenfolge, bei dem der Schlauchmontageprozeß vom SGS-Montageprozeß zeitlich getrennt ist. Der Gesamtaufbau der Versuchsmontagezelle ist in <u>Bild 50</u> dargestellt.

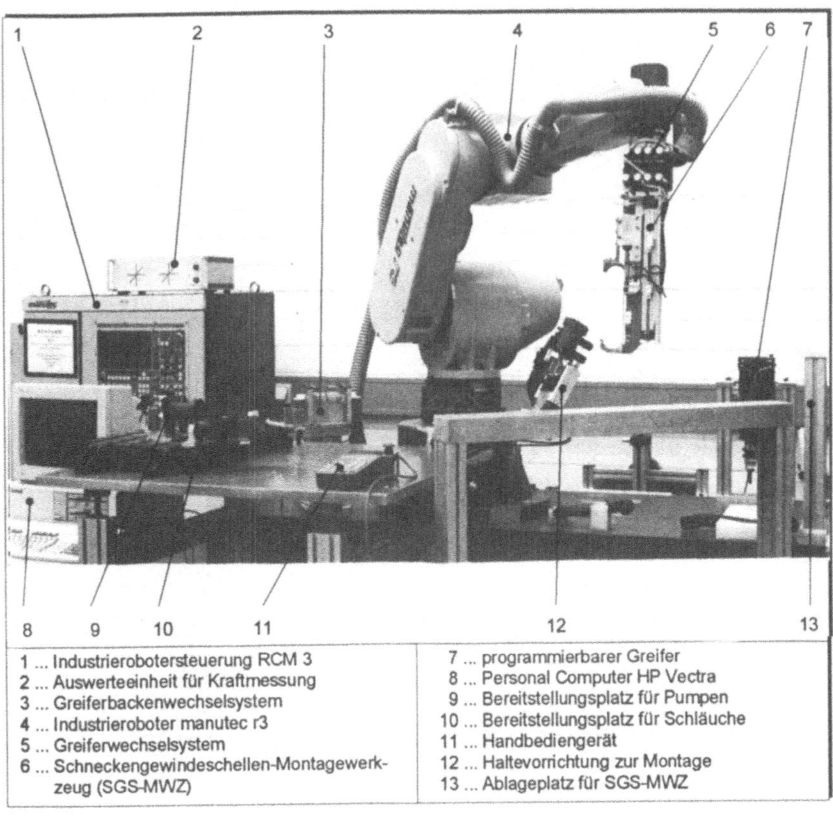

1 ... Industrierobotersteuerung RCM 3	7 ... programmierbarer Greifer
2 ... Auswerteeinheit für Kraftmessung	8 ... Personal Computer HP Vectra
3 ... Greiferbackenwechselsystem	9 ... Bereitstellungsplatz für Pumpen
4 ... Industrieroboter manutec r3	10 ... Bereitstellungsplatz für Schläuche
5 ... Greiferwechselsystem	11 ... Handbediengerät
6 ... Schneckengewindeschellen-Montagewerkzeug (SGS-MWZ)	12 ... Haltevorrichtung zur Montage
	13 ... Ablageplatz für SGS-MWZ

Bild 50: Aufbau der Versuchsmontagezelle

6.2 Eingesetzte Werkzeuge und Komponenten

6.2.1 Handhabungssystem

Zur Handhabung des Schneckengewindeschellen-Montagewerkzeugs, zum Zuführen der Fügeteile und zum Abstützen der auftretenden Fügekräfte und -momente wurde ein Vertikalknickarmroboter manutec r3 der Firma Siemens eingesetzt. Der Industrieroboter ist in sechs Achsen verfahrbar und hat eine Wiederholgenauigkeit von 0,1 mm bei einem maximalen Handhabungsgewicht von 15 kg.

6.2.2 Schneckengewindeschellen-Montagewerkzeug

Mit dem entwickelten Montagewerkzeug (<u>Bild 51</u>) können Schneckengewindeschellen von unterschiedlichen Herstellern bis zu einer maximalen Länge von $l_1 = 188$ mm montiert werden.

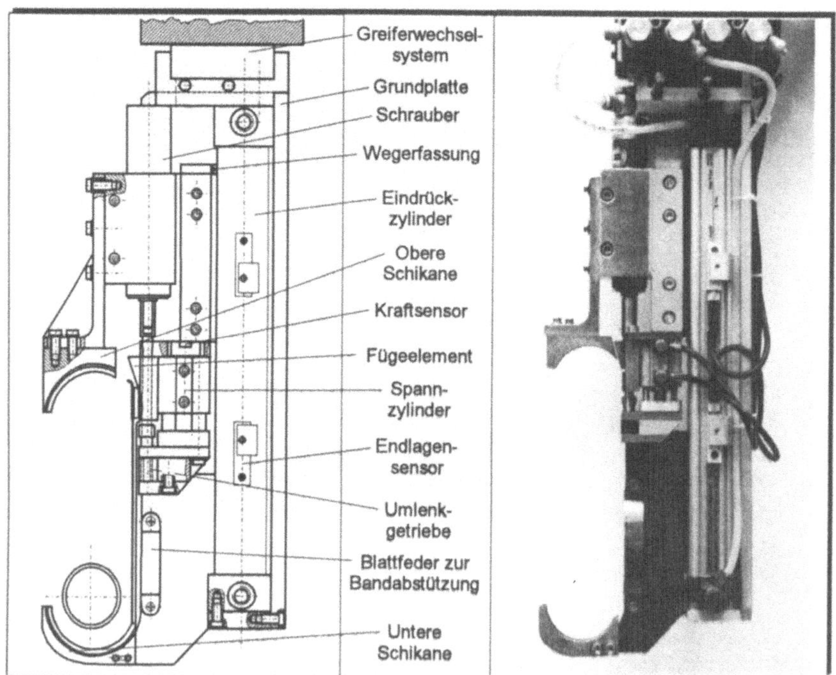

<u>Bild 51:</u>   Aufbau des Schneckengewindeschellen-Montagewerkzeugs

Das Schneckengewindeschellen-Montagewerkzeug besteht aus folgenden Haupt-komponenten:

- Spannzylinder zum Fixieren der Schneckengewindeschelle in der Eindrückposition,
- Vorschubzylinder zur Erzeugung der Eindrück- und Umformbewegung,
- unteres und oberes Formgebungselement als Umformwerkzeuge
- Schrauber und Getriebe zur Erzeugung der Schraubbewegung und des erforderlichen Anziehdrehmomentes und
- Sensoren zur Erfassung des Eindrückweges, der Eindrückge-schwindigkeit und des Anziehdrehmomentes.

Als Spannzylinder wurde ein doppelt wirkender Kurzhubzylinder mit Verdrehsiche-rung der Firma Bosch ausgewählt. Der Hub beträgt 10 mm; die verdrehgesicherte Flanschplatte bietet gute Befestigungsmöglichkeiten für das ausgewählte Zahnrad-getriebe zur Umlenkung der Schauberdrehrichtung. Zur Erzeugung der Eindrückbe-wegung wird ein kolbenstangenloser Zylinder der Firma Origa verwendet, weil er bei einem Zylinderdurchmesser von 25 mm die besten Leistungswerte in bezug auf die aufzubringenden Kräfte und Momente bietet. Zugleich wird der Zylinder als tragendes Bauteil ausgeführt, d.h. der Zylinder ist so in das Werkzeug integriert, daß das Zylindergehäuse wesentlich mit zur Stabilität und Steifigkeit des Werkzeuges beiträgt. Am Befestigungsflansch des kolbenstangenlosen Zylinders sind der Schrauber, das Umlenkgetriebe und der Spannzylinder befestigt.
Die Formgebungselemente sind so ausgeführt, daß das Schellenband in einer gestuften Nut geführt wird. Durch diese Nut wird erreicht, daß das Band nur an den glatten Außenseiten Kontakt mit den Formgebungselementen hat und die Bandprägung die Formgebungselemente nicht berührt. Die Formgebungselemente sind aus Verschleißgründen aus Stahl hergestellt. Die Befestigung erfolgt über Langlochschraubverbindungen, um eine variable Einstellmöglichkeit für die Fügeversuche zu gewährleisten.
Als Antrieb für die Schraubbewegung wurde ein Druckluft-Lamellenmotor der Firma Atlas-Copco ausgewählt. Das Drehmoment wird stufenlos über den Betriebsdruck und die Drehzahl durch Änderung der Luftzufuhr eingestellt.
Das Umlenkgetriebe besteht aus Zahnrädern der Firma Mädler mit Modul 1, Zahn-breite 10 mm und Zähnezahl 10.
Zur Erfassung der Eindrückkraft wird ein Subminiatur-Kraftsensor der Firma Burster eingesetzt. Der Eindrückweg wird durch ein inkrementales Längenmeßsystem der Firma Origa direkt am kolbenstangenlosen Zylinder erfaßt. Die beiden Meßgrößen, Eindrückkraft und Eindrückweg, werden während des Fügeprozesses aufgenommen

und über eine Auswerteeinheit mit einem programmierten Sollwert verglichen. Der Vergleich des tatsächlichen Kraft-Weg-Verlaufes mit einem berechneten zulässigen Toleranzband erlaubt eine Aussage über den erfolgreichen Verlauf des Fügeprozesses. Mit Hilfe der Prozeßüberwachung können Versagensfälle, die zu einer Werkzeugbeschädigung führen würden, ausgeschlossen und mögliche Verschleißerscheinungen an den Werkzeugteilsystemen frühzeitig erkannt werden.

6.2.3   Programmierbarer Schlauch- und Pumpengreifer

Zur Montage des sehr biegeschlaffen Gummischlauches wurde ein frei programmierbarer Schlauchgreifer entwickelt (<u>Bild 52</u>). Die Antriebseinheit des Greifers besteht aus einer Antriebskombination der Firma Faulhaber, die aus einem Gleichstrommotor mit angeflanschtem Getriebe und einem magnetischen Impulsgeber besteht.

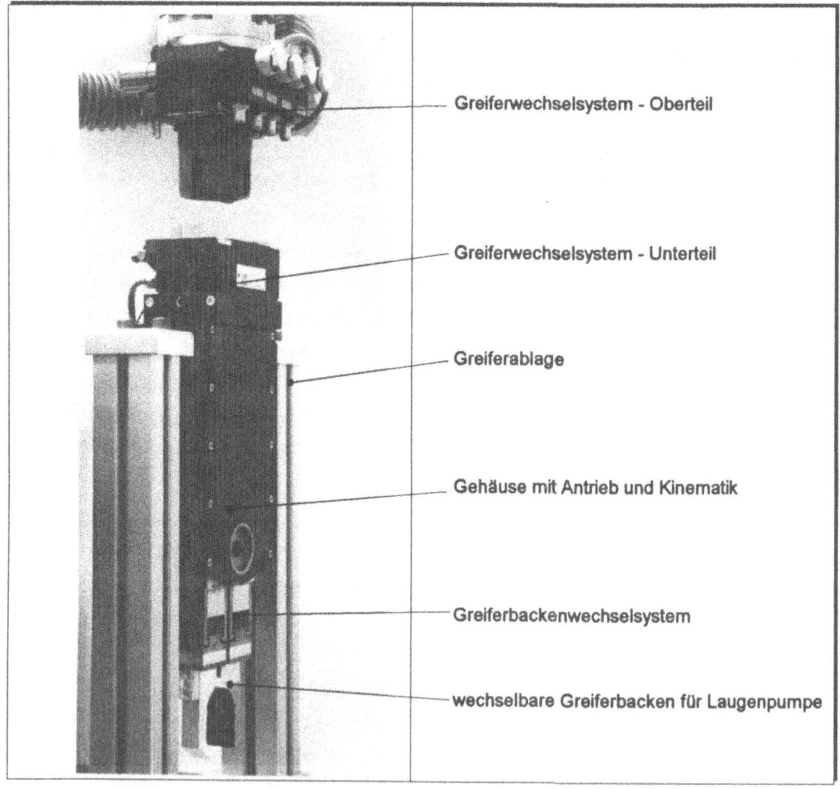

<u>Bild 52:</u>   Aufbau des programmierbaren Schlauch- und Pumpengreifers

Gesteuert wird der Motor von einem DC-Motor-Controller der Firma Physik Instrumente. Der Motor-Controller ist als PC-Steckkarte ausgeführt und erlaubt eine simultane Geschwindigkeits- und Lageregelung. Außerdem ist der Greifer mit einem integrierten Greiferbackenwechselsystem ausgerüstet, damit der Greifer sowohl für die Schlauchmontage als auch für die Handhabung der Laugenpumpe vor und nach der Schlauch- und Schlauchschellenmontage eingesetzt werden kann.

6.2.4　　Peripheriekomponenten

Die Bereitstellung der Laugenpumpen und der Faltenbalgschläuche erfolgt in Magazinform (Bild 53). In der realisierten Versuchsmontagezelle können zwei Pumpen komplett montiert werden.

Das Schneckengewindeschellen-Montagewerkzeug und der programmierbare Greifer sind in Werkzeugablagen, die im Arbeitsraum des Roboters installiert sind, bereitgestellt und werden entsprechend dem Montageablauf automatisch eingewechselt.

Die Haltevorrichtung zur Fixierung der Laugenpumpe während der Schlauch- und Schneckengewindeschellenmontage besteht aus einem pneumatischen Parallelgreifer der Firma Sommer.

Die Greiferbacken des programmierbaren Greifers werden mit Hilfe eines fliegenden Greiferbackenwechselsystems eingewechselt. Alle Peripheriekomponenten sind in Bild 53 dargestellt.

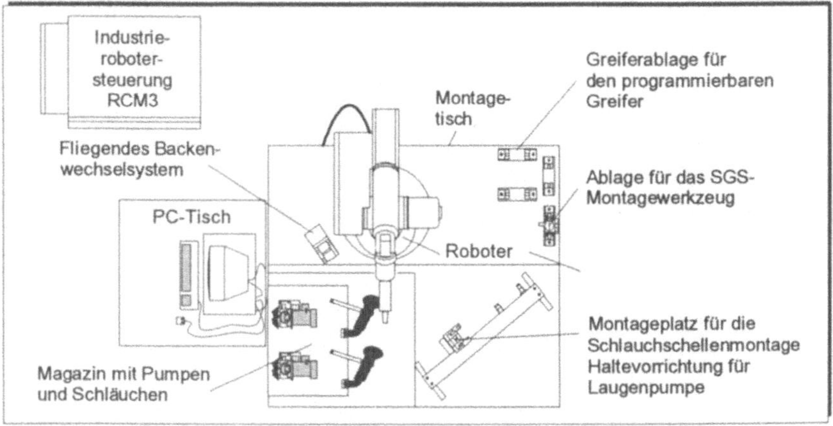

Bild 53:　　Draufsicht der Versuchsmontagezelle

6.3 Steuerungskonfiguration

Die Steuerung der Versuchsmontagezelle wird von der Industrierobotersteuerung RCM 3.2 übernommen. Durch ein im Teach-In-Verfahren erstelltes Ablaufprogramm wird der gesamte Montageablauf gesteuert. Die Industrierobotersteuerung kommuniziert über analoge und digitale Ein- und Ausgänge als Mastersteuerung mit den Teilsystemen der Montagezelle (Bild 54). Sie setzt durch Befehle im Ablauf bestimmte Ausgänge, die zum Schalten von Pneumatikventilen benutzt werden.

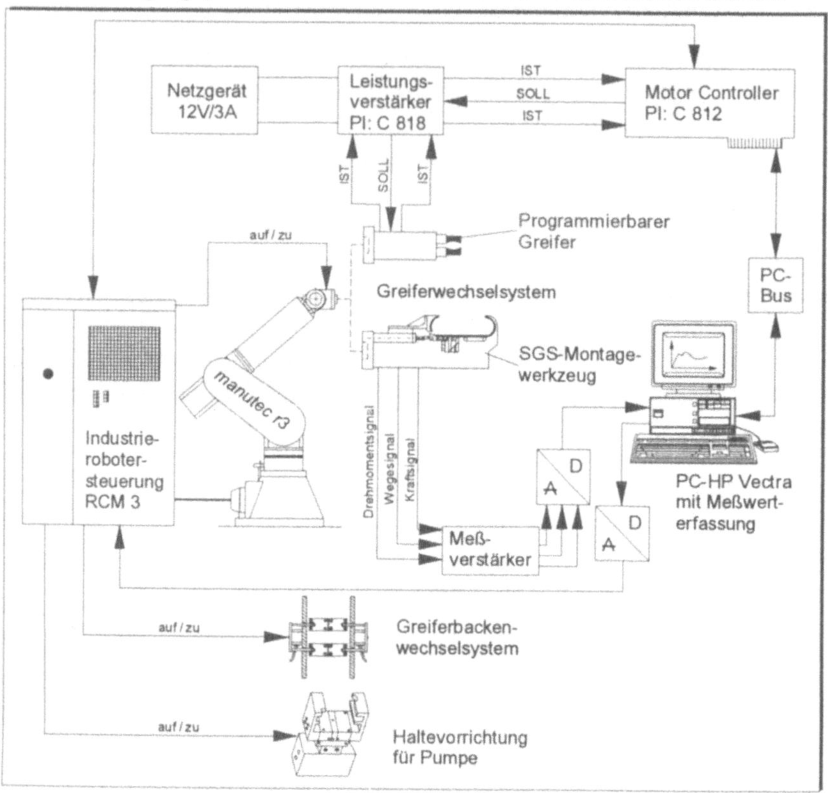

<u>Bild 54</u>:   Signalflußplan der Montagezelle

Zur sensorischen Überwachung des Fügeablaufes werden im Ablaufprogramm bestimmte Eingänge ständig überwacht, die z. B. durch Näherungsschalter zur Endlagenüberwachung oder durch die Meßwerterfassungskarte gesetzt werden. Die galvanische Potentialtrennung erfolgt über zwischengeschaltete Relaiskoppler. Der Signalflußplan der Versuchsmontagezelle ist in Bild 54 dargestellt.

7   Arbeitsablauf und Versuchsergebnisse

7.1   Arbeitsablauf der Versuchsanlage

7.1.1   Montage einer Laugenpumpe

Der Montageablauf wird durch das Ablaufprogramm in der Industrierobotersteuerung vorgegeben. Folgende Schritte werden bei der Montage einer Laugenpumpe durchgeführt (Bild 55):

- Aufnehmen des programmierbaren Greifers
- Greifen der Laugenpumpe aus der Bereitstelleinrichtung
- Laugenpumpe in die Haltevorrichtung einlegen
- Greiferbackenwechsel
- Greifen des Gummischlauchs
- Schlauchmontage
- Greiferbackenwechsel
- Ablegen des programmierbaren Greifers
- Aufnehmen des Montagewerkzeugs für die Schneckengewindeschelle
- Positionieren der Schneckengewindeschelle im Schneckengewindeschellen-Montagewerkzeug durch interne Schneckengewindeschellen-Bereitstellung
- Fügeprozeß der Schneckengewindeschelle
  - Eindrücken der Schneckengewindeschelle in die Formgebungselemente und Umschlingen des Schlauches
  - Einfädeln der Bandspitze
  - Festschrauben der Schneckengewindeschelle auf dem Schlauch
- Ablegen des Schneckengewindeschellen-Montagewerkzeugs
- Aufnehmen des programmierbaren Greifers
- Ablegen der fertig montierten Laugenpumpe im Magazin
- Ablegen des programmierbaren Greifers oder Einlegen der nächsten Laugenpumpe

Die Greiferbacken für die Schlauchmontage wurden als Kammbacken ausgeführt, da das Greifen des sehr biegeschlaffen und nicht rotationssymmetrisch geformten Schlauches nur als Kombination aus Kraft- und Formschluß realisiert werden konnte, um einen sicheren Prozeßablauf zu gewährleisten.

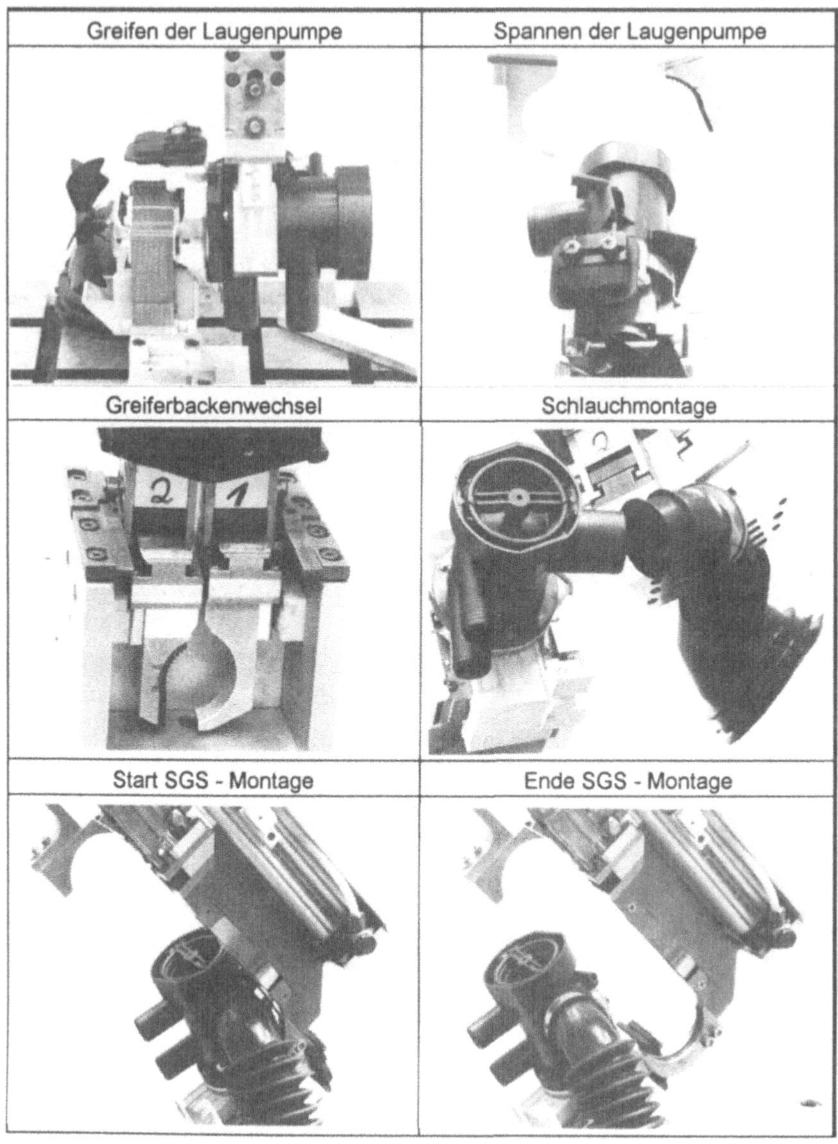

Bild 55:   Montageschritte bei der Laugenpumpenmontage in der Versuchsanlage

7.1.2 Fügeprozeß einer Schneckengewindeschelle

Das entwickelte Fügeverfahren "Rollbiegemontage einer Schneckengewindeschelle"
ist der zentrale Montageschritt in der aufgebauten Versuchsanlage (<u>Bild 56</u>).

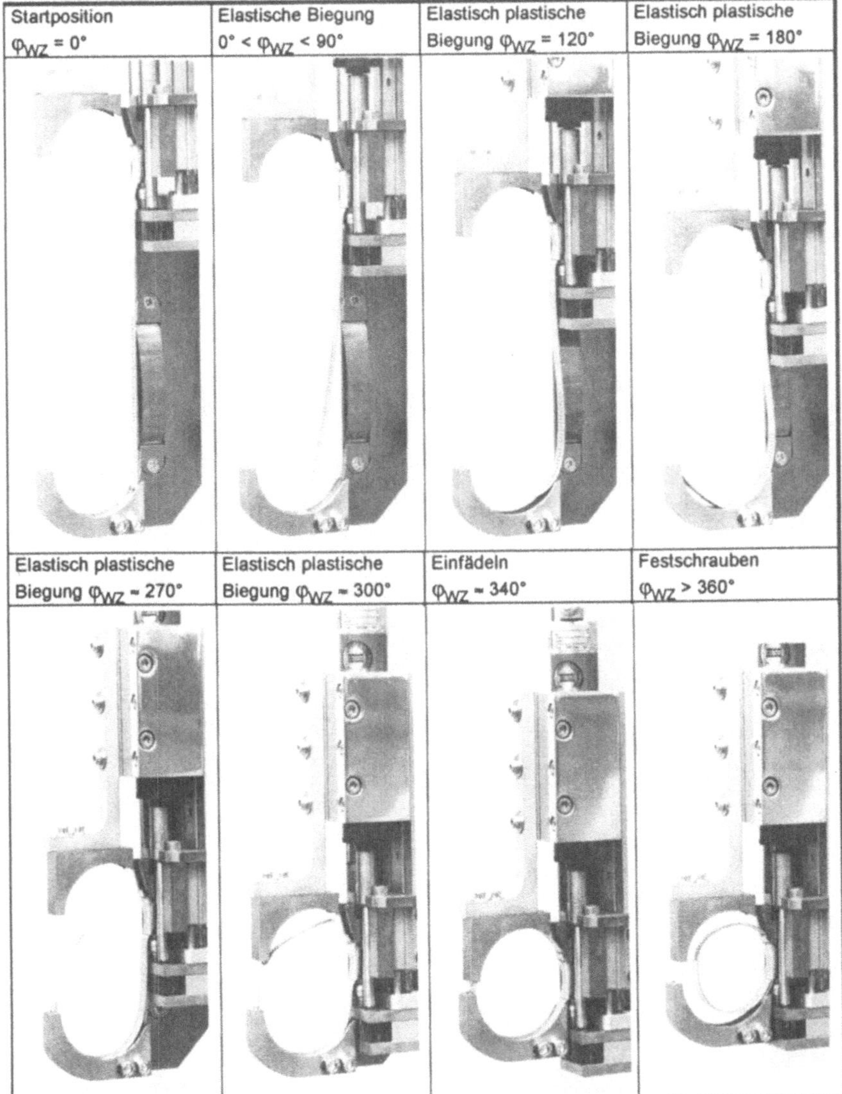

<u>Bild 56:</u>   Fügeprozeßablauf einer Schneckengewindeschelle

Der durch theoretische und experimentelle Untersuchungen entwickelte Fügeprozeß kann mit dem entwickelten Schneckengewindeschellen-Montagewerkzeug durchgeführt und erprobt werden. Bild 56 zeigt den werkzeuginternen Fügeablauf in unterschiedlichen Phasen des Prozesses. Der Fügeprozeß wird in chronologischer Reihenfolge mit zunehmendem Werkzeugwinkel φ_{WZ} dargestellt.

7.2 Versuchsergebnisse

7.2.1 Montagezeiten der Laugenpumpe

In Dauerversuchen wurden die notwendigen Zeiten für die einzelnen Montageschritte ermittelt (<u>Bild 57</u>).

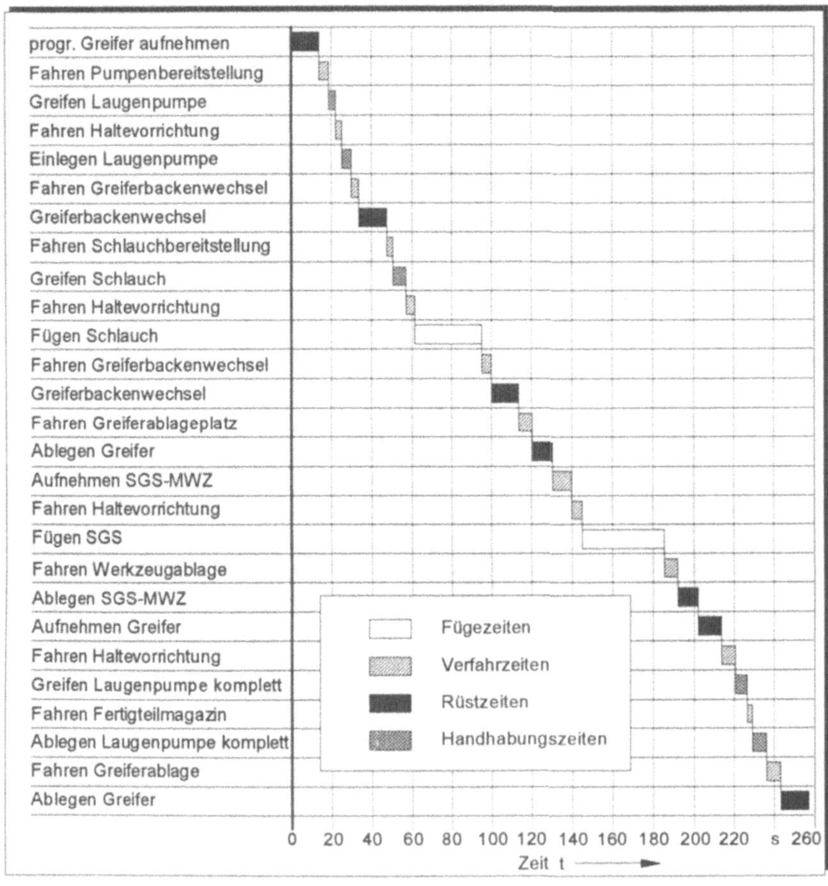

<u>Bild 57:</u> Montagezeiten der Laugenpumpe

Die Analyse der Montagezeiten dient zur Optimierung der aufgebauten Versuchs-montagezelle und zur Ermittlung von Daten und Kennzahlen zur Planung solcher Anlagen. Die aufgenommenen Zeiten wurden unterteilt in

- Fügezeiten,
- Handhabungszeiten,
- Verfahrzeiten,
- Rüstzeiten

und entweder der Schlauch- oder der Schlauchschellenmontage zugeordnet. <u>Bild 58</u> zeigt die Ergebnisse der Montagezeitanlayse.

Die Montagezeit t_M ist die Gesamtzeit, die benötigt wird, um eine sichere, druck-dichte Schlauch-Stutzen-Verbindung herzustellen. Die Montagezeit wird in Haupt- und Nebenzeiten untergliedert. Zu den Hauptzeiten zählen die Fügezeiten für den Schlauch t_{F_S} und die Schneckengewindeschelle $t_{F_{SGS}}$ und die Handhabungszeiten t_H zu den Nebenzeiten die Verfahrzeiten t_V und Rüstzeiten t_R. Die Analyse der Montagezeiten zeigt, daß die Rüstzeiten mit 37,6 % den Hauptanteil ausmachen. Die Fügezeiten liegen bei 29 %, die reinen Handhabungszeiten bei 10,7 %. Optimierungsbedarf besteht bei den Nebenzeiten, denn mit 37,6 % für die Rüstzeiten und 22,6 % für die Verfahrzeiten liegen diese unproduktiven Nebenzeiten noch zu hoch.

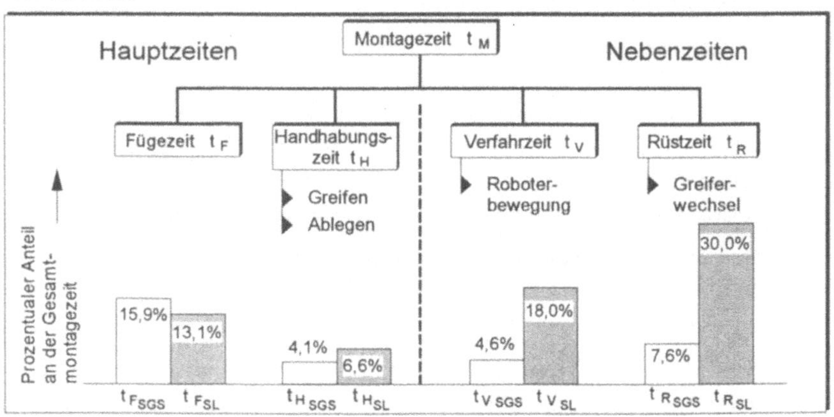

<u>Bild 58:</u>   Montagezeiten beim Montieren von Schneckengewindeschellen

7.2.2 Fügezeit einer Schneckengewindeschelle

Die Bestimmung der optimalen Fügezeit t_F aus den Prozeßzeiten für das Eindrücken t_E, für das Einfädeln t_{EIN} und für das Zuschrauben t_{SCH} der Schneckengewindeschelle wird von unterschiedlichen Faktoren beeinflußt (<u>Bild 59</u>).

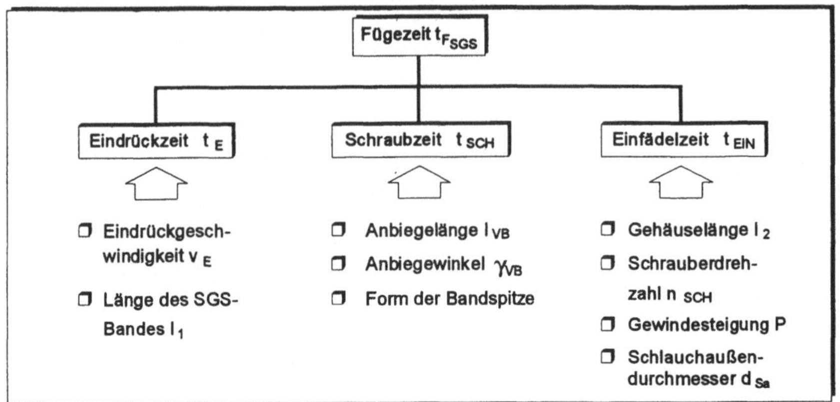

<u>Bild 59</u>: Einflußfaktoren auf die Fügezeit einer Schneckengewindeschelle

7.2.3 Fertigungsqualität

Die Fertigungsqualität und die daraus resultierenden Maß- und Formtoleranzen beeinflussen die Verfügbarkeit von automatischen Montageprozessen sehr stark. Die Untersuchung des Einflußparameters "Fertigungsqualität" dient dazu, die möglichen Fehlerquellen herauszufinden, ihre Häufigkeit zu ermitteln und Maßnahmen zu finden, wie diese Fehlerursachen vermieden werden können.

Die wichtigsten Maße, die Einfluß auf den Rollbiegeprozeß haben, sind:

- die Bandbreite b_1 des Schneckengewindeschellen-Bandes,
- die Bandlänge l_1 des Schneckengewindeschellen-Bandes und
- die Gehäusebreite b_2 des Schneckengewindeschellen-Gehäuses,

denn von der Varianz dieser Maße hängen die Berührungspunkte zwischen Werkzeug und Schneckengewindeschelle ab. <u>Bild 60</u> zeigt, daß die Bandlänge und die Bandbreite bei allen vermessenen Schneckengewindeschellen innerhalb des vorgegebenen Toleranzfeldes lagen und die Gehäusebreite bei 90% der vermessenen Schneckengewindeschellen den Anforderungen genügte.

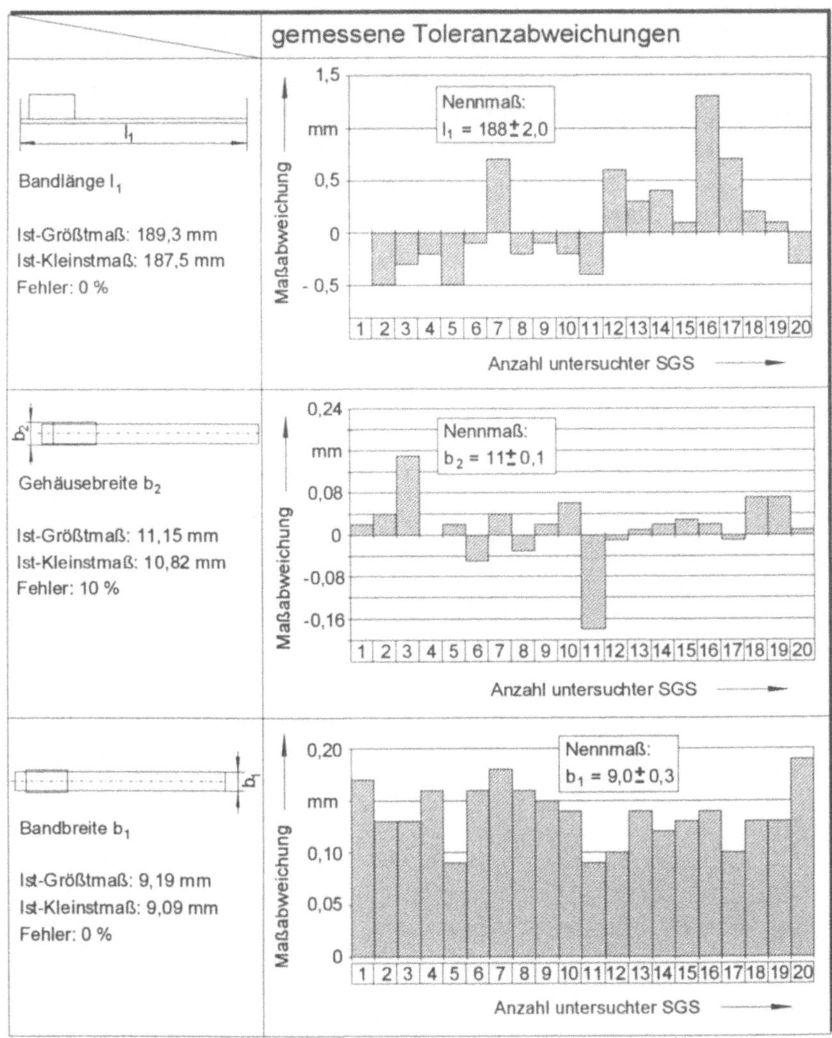

Bild 60:   Toleranzen von Schneckengewindeschellen

Zusätzlich zu den geometrischen Toleranzen traten bei den Versuchen weitere fertigungsbedingte Fehler auf, die zu einem Scheitern des Fügeablaufs führten. Diese Fehler traten bei ca. 5% von 324 untersuchten Schneckengewindeschellen auf.

7.2.4 Anbiegung der Schneckengewindeschellen-Bandspitze

Die Tatsache, daß eine Vorbiegung der Schellenbandspitze notwendig ist, wurde anhand von Vorversuchen mit variierenden Abmessungen der Formgebungselemente, unterschiedlichen Schneckengewindeschellen-Typen und Schneckengewindeschellen-Durchmesserbereichen sowie verschiedenen Anbiegelängen und Anbiegewinkeln nachgewiesen. Zur Verifizierung der theoretischen Berechnungsformeln wurden Einfädelversuche mit variierender Anbiegelänge l_{VB} und variierendem Anbiegewinkel γ_{VB} durchgeführt. <u>Bild 61</u> zeigt den Vergleich von Versuch und Berechnung. Die Zusammenstellung der Versuche zeigt, daß das Einfädelverhalten wesentlich durch die beiden Parameter

       ❏   Anbiegelänge l_{VB} und

       ❏   Anbiegewinkel γ_{VB}

bestimmt wird. Die Berechnungen haben eine gute Übereinstimmung mit den durchgeführten Versuchen ergeben.

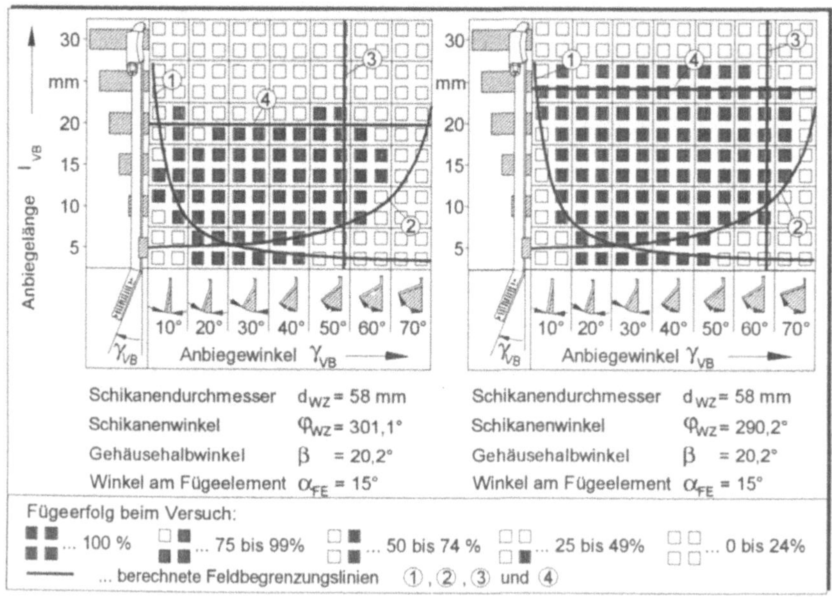

<u>Bild 61:</u>   Fügefelder für eine optimale Anbiegung der Schneckengewindeschellen-Bandspitze - Vergleich von Versuch und Berechnung

7.2.5 Geometrie des Fügeelementes

Die optimale Fügeelementform beim passiven Einfädeln ist Voraussetzung für einen erfolgreichen Fügeprozeß. Zur Bestimmung der optimalen Fügeelementform wurden Verfügbarkeitsversuche durchgeführt, bei denen die Haupteinflußparameter

- Länge der Fügestrecke l_{FE} am Fügeelement und
- Winkel am Fügeelement α_{FE}

variiert wurden. Bild 62 zeigt das Verfügbarkeitsfeld bei einer geraden Fügeelementform.

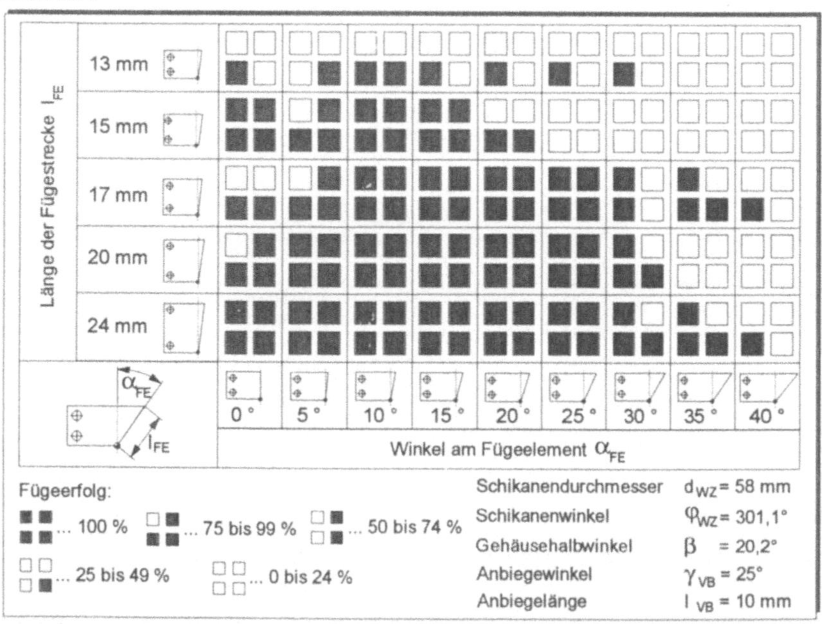

Bild 62: Verfügbarkeitsfeld zur Ermittlung der optimalen Fügeelementgeometrie

7.2.6 Eindrückkraftverlauf

Zur Verifizierung des berechneten Verlaufs der Eindrückkraft in Abhängigkeit vom Formgebungswinkel φ_{WZ} wurden Fügeversuche zur Ermittlung der tatsächlich wirkenden Eindrückkraft durchgeführt. Die in Kapitel 5.3 gefundene theoretische Sollkurve und die durch Versuche ermittelten Istkraftverläufe sind in <u>Bild 63</u> dargestellt.

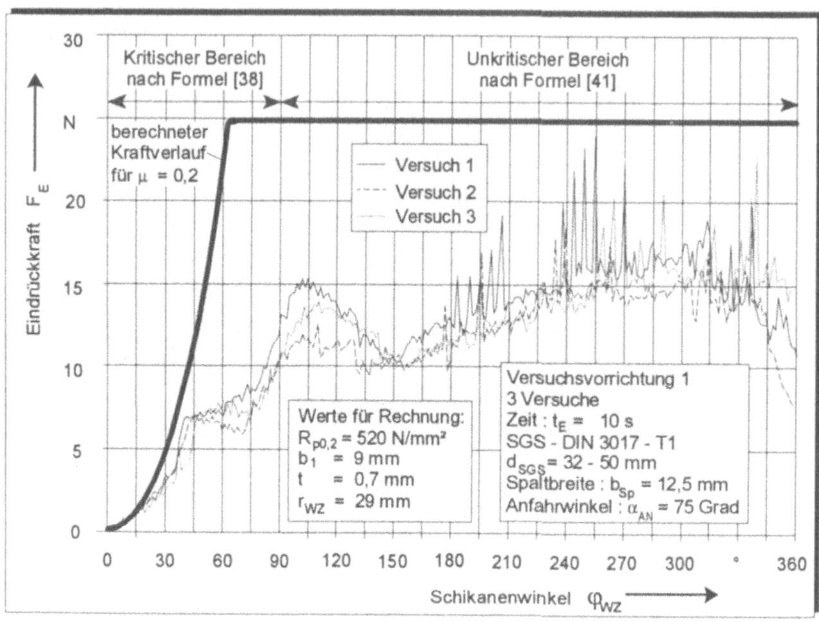

<u>Bild 63:</u>   Vergleich von Versuch und Berechnung der Eindrückkraftverläufe

Der Vergleich von Versuch und Berechnung zeigt, daß der theoretisch ermittelte Kurvenverlauf bei den erfolgreichen Fügeversuchen in keinem Fall über die zulässige Grenze hinaus überschritten wurde. Anhand der online Überwachung des Eindrückkraftverlaufs wird die Erkennung von fehlerhaften Schneckengewindeschellen oder von Problemen beim Eindrückprozeß, wie das Verklemmen einer Schneckengewindeschelle in den Formgebungselementen, durch den Vergleich mit der Sollkurve möglich. Durch diesen Abgleich zwischen Soll- und Istverlauf können etwaige Beschädigungen des Montagewerkzeugs oder der Werkstücke verhindert werden.

7.3 Folgerungen aus den Versuchen

Die Versuchsergebnisse zeigen, daß der Einsatz des neu entwickelten Montageverfahrens "Rollbiegen von Schneckengewindeschellen" in Verbindung mit einem Industrieroboter technisch machbar ist und die vollautomatische Komplettmontage von Schlauch-Stutzen-Verbindungen möglich macht. Das entwickelte Montagewerkzeug arbeitet mit großer Zuverlässigkeit.

Die Versuche beweisen, daß beim Einsatz des entwickelten Verfahrens die Montage von Schneckengewindeschellen zeitlich und räumlich getrennt von der Schlauchmontage durchgeführt werden kann und dadurch wesentliche Automatisierungshemmnisse bei der Montage von Schneckengewindeschellen beseitigt werden können.

Um das entwickelte Verfahren in der industriellen Praxis zur Anwendungsreife zu führen, müssen folgende Verbesserungsmaßnahmen und Weiterentwicklungen durchgeführt werden:

- Verkürzung der unproduktiven Nebenzeiten durch den Einsatz von leistungsfähigeren Robotern und Multifunktionsgreifersystemen,
- Reduzierung der Baugröße,
- Integration von robusten und zuverlässigen Sensoren zur Kraft-, Weg- und Drehmomenterfassung,
- Integration einer werkzeuginternen Schneckengewindeschellen-Bereitstellung mit bis zu zehn Speicherplätzen,
- Montagegerechte Gestaltung der Schneckengewindeschellen, wie z. B.:
  - Erzeugen einer definierten Anbiegung der Schneckengewindeschellen-Bandspitze beim Herstellungsprozeß,
  - Realisierung einer festen Verbindung zwischen Gehäuse und Band
  - Einfädelgerechte Formung der Bandspitze.

Schlauchsicherungselemente werden überall dort eingesetzt, wo medienführende Schläuche an starren Stutzen sicher und druckdicht angebracht werden müssen. Haupteinsatzgebiete sind die Automobil- und Automobilzulieferindustrie sowie die Weiße-Ware-Industrie. Die Tatsache, daß trotz der großen Stückzahlen von Schlauchschellen, die verarbeitet werden, die Montage von Schlauchschellen noch weitgehend manuell durchgeführt wird, zeigt, daß in diesem Bereich noch Rationalisierungspotentiale brachliegen.

Bisher fehlen wissenschaftliche Grundlagen und Erkenntnisse, um diese Rationalisierungspotentiale freizusetzen. In dieser Arbeit wurden deshalb neue Montageverfahren und Werkzeuge zur flexibel automatisierten Montage von Schlauchschellen entwickelt und eingehend theoretisch und experimentell untersucht.

Ausgehend von einer Marktanalyse und einer Klassifizierung von Schlauchschellen wurde bei ausgewählten Firmen aus vier Branchen eine Analyse der manuellen Montagearbeitsplätze durchgeführt und die wesentlichen Automatisierungshemmnisse ermittelt. Als wichtigste Automatisierungshemmnisse bei der Montage von Schlauchschellen erwiesen sich die notwendige Kombination von Schlauch und Schlauchschelle in Verbindung mit unterschiedlichen Fügerichtungen und der meist geschlossenen Form der Schlauchschellen, die eine gleichzeitige Montage von Schlauch und Schlauchschelle erfordert.

Die Analyse hat gezeigt, daß eine automatisierte Montage von Schneckengewindeschellen aufgrund ihrer hohen Einsatzzahlen große Rationalisierungspotentiale freisetzen kann. Aus den Analyseergebnissen wurden die notwendigen Teilsysteme und die Anforderungen an flexible Systeme zur Montage von Schneckengewindeschellen abgeleitet.

Zur Umsetzung des besten Montageverfahrens wurde die Konzeption und Entwicklung eines geeigneten Montagewerkzeugs durchgeführt.

Dazu wurden auf der Basis von theoretischen Betrachtungen für die notwendigen Werkzeugteilfunktionen - Umschlingen der Fügestelle, Einfädeln der Bandspitze, Festschrauben der Schneckengewindeschelle auf dem Schlauch und Überwachung des Fügeprozesses - systematisch geeignete Lösungsprinzipien erarbeitet und bewertend gegenübergestellt und das jeweils beste ausgewählt.

Für den wichtigsten Teilprozeß, das Umschlingen der Fügestelle, wurde ein neues Montageverfahren "Rollbiegen" entwickelt und das Umschlingungssystem entsprechend konzipiert.

Aufbauend auf Vorversuchen für das Umschlingungsprinzip "Rollbiegen" wurden die wesentlichen Einflußparameter auf den Montageprozeß von Schneckengewindeschellen experimentell und theoretisch ermittelt und untersucht.

Als Hilfsmittel zur Planung und Auslegung von Montageanlagen sowie zur Überwachung des Fügeprozesses wurden Berechnungsverfahren zur Quantifizierung der wichtigsten Montageparameter - wie Anbiegung der Schellenbandspitze und Eindrückkraft - entwickelt. Es wurden analytische Formeln abgeleitet, die eine Berechnung der wichtigsten Parameter in Abhängigkeit der vorliegenden Randbedingungen ermöglichen.

Die entwickelten Verfahren und Werkzeuge wurden in einer Versuchsmontagezelle am Beispiel einer typischen Montageaufgabe aus der Weiße-Ware-Industrie erprobt und eingehend untersucht. Es zeigte sich, daß das neu entwickelte Montagewerkzeug für Schneckengewindeschellen die gestellten Anforderungen erfüllt. Die Durchführung von Dauerversuchen ergab wichtige Erkenntnisse in bezug auf realisierbare Montagezeiten, Einflüsse der Fertigungsqualität der Schneckengewindeschellen und der Verfügbarkeit. Die Berechnungsverfahren zur Ermittlung der optimalen Anbiegung der Bandspitze und des Verlaufes der Eindrückkraft konnten durch die durchgeführten Versuche eindrucksvoll verifiziert werden.

Insgesamt konnte mit dem Aufbau der Versuchsmontagezelle und der Realisierung der entwickelten Verfahren und Werkzeuge die technische Machbarkeit der flexibel automatisierten Montage von Schneckengewindeschellen nachgewiesen werden. Durch die Weiterentwicklung der Montagewerkzeuge und einer optimierten montagegerechten Produktgestaltung von Schneckengewindeschellen ist zukünftig mit einem Einsatz von Industrierobotern bei der Montage von Schneckengewindeschellen zu rechnen. Insbesondere in den Bereichen der Serienfertigung kann das neu entwickelte Verfahren zur Montage von Schneckengewindeschellen wirtschaftlich eingesetzt werden. Bei großen Durchmesserbereichen von Schneckengewindeschellen und den damit verbundenen großen Kräften und Momenten, die bei manueller Montage aufgebracht werden müssen, kann mit dem automatischen Rollbiegen einer Schneckengewindeschelle eine deutliche Entlastung des Montagepersonals erreicht werden.

9 Literaturverzeichnis

/1/   Abele, E.; u.a.:   Studie zur Untersuchung der Einsatzmöglichkeiten von flexibel automatisierten Montagesystemen in der industriellen Produktion (Montagestudie). Düsseldorf: VDI-Verlag, 1984.

/2/   Schweizer, M.; u.a.:   Mittelstand holt auf, Studie zur Automatisierung. In: Industrieanzeiger 35/93, S. 31-33.

/3/   Warnecke, H.-J.; Schweizer, M.; Schweigert, U.:   Entwicklungsschwerpunkte bei der flexiblen Montageautomatisierung in der Feinwerktechnik. In: wt Werkstattstechnik 80 (1990), S. 441-444.

/4/   Schlaich, G.:   Kabelbaumontage mit Industrierobotern, Berlin u.a.: Springer, 1988. Zugl. Stuttgart, Universität, Diss. 1988.

/5/   Emmerich, H.:   Flexible Montage von Leitungssätzen mit Industrierobotern, Berlin u.a.: Springer, 1992. Zugl. Stuttgart, Universität, Diss. 1991.

/6/   Hartmann, G.; Pössinger, J.; Stempfle, H.:   Einlegen von Dichtungsprofilen in Geschirrspülbehälter durch Industrieroboter. In: wt Werkstattstechnik 77 (1987), S. 379-382.

/7/   Milberg, J.; Hoßmann, J.:   Automatische Montage nicht formstabiler Bauteile. In: Montage 1/89, S. 16-24.

/8/   Warnecke, H.-J.; u.a.:   Montage biegeschlaffer Teile mit Industrierobotern. In: wt-Z. ind. Fertig. 76 (1986), S. 8-11.

/9/   Frankenhauser, B.:   Montage von Schläuchen mit Industrieroboter, Berlin, u.a.: Springer, 1988. Zugl. Universität Stuttgart, Diss., 1988.

/10/   Schweizer, M.; Weisener, T.; u.a.:   Robot assembly of pliable hoses. In: The Industrial Robot, 12/90, S. 201-205.

/11/   Diess, H.:   Rechnerunterstützte Entwicklung flexibel automatisierter Montageprozesse, Berlin, u.a.: Springer, 1988. Zugl. Technische Universität München, Diss. 1987.

/12/   o.V.:   Untersuchungen zur automatisierten Montage nicht formstabiler, elastomerer Bauteile. Abschlußbericht DFG Mi 234/10-1.

/13/   o.V.:   Untersuchungen zur automatisierten Montage nicht formstabiler, elastomerer Bauteile. Zwischenbericht DFG Mi 234/10-4.

/14/   o.V.:   Einrichtung zum Handhaben und Montieren von Schlauchbindern mit Schrauben, Offenlegungsschrift, DE 3710290 A1, 1989.

/15/   Walther, J.; u.a.:   Vorschläge für eine montagegerechte PKW-Konstruktion. Abschlußbericht zum Forschungsvorhaben der HGF, Stuttgart, 1986.

/16/   Warnecke, H.-J.; Frankenhauser, B.:   Automatisches Greifen biegeschlaffer Teile. In: Schweizer Maschinenmarkt (10) 1988.

/17/   Warnecke, H.-J.; Frankenhauser, B.; Weisener, T.:   Methoden zum Toleranzausgleich bei der Montage von Schläuchen mit Industrierobotern. In: wt-Werkstattstechnik 78 (1988), S. 187-192.

/18/   o.V.:   VDI-Richtlinie 2860, Blatt 1 (Entwurf). Handhabungsfunktionen, Handhabungseinrichtungen, Begriffe, Definitionen, Symbole. Berlin, Köln: Beuth-Verlag 1982.

/19/   o.V.:   DIN 8593: Fertigungsverfahren Fügen. Berlin, Köln: Beuth-Verlag 1985.

/20/   Löhr, H.-G.:   Eine Planungsmethode für automatische Montagesysteme, Mainz: Krausskopf, 1977. Zugl. Stuttgart, Universität, Diss., 1977.

/21/   o.V.:   DIN 3017: Schlauchschellen. Berlin, Köln: Beuth-Verlag.

/22/   o.V.:   DIN 24950: Schlauchleitungen. Berlin, Köln: Beuth-Verlag.

/23/   o.V.:   DIN 20078: Schlaucharmaturen. Berlin, Köln: Beuth-Verlag.

/24/   o.V.:   DIN 32620: Schlauchbinder. Berlin, Köln: Beuth-Verlag.

/25/   o.V.:   DIN 8586: Fertigungsverfahren Biegeumformen. Berlin, Köln: Beuth-Verlag.

/26/   Lange, K.:   Umformtechnik, Band 1: Grundlagen. Berlin u.a.: Springer, 1984.

/27/ Lange, K.: Umformtechnik, Band 3: Blechbearbeitung.
Berlin u.a.: Springer, 1990, S. 243 ff.

/28/ Spur, G.;
Stöferle, Th.: Handbuch der Fertigungstechnik, Band 2/3, Umformen,
Zerteilen. München u.a.: Hauser Verlag 1979-1987.

/29/ Ludwig, P.: Technologische Studie über Blechbiegung.
In: Technische Blätter (1903), S. 133-159.

/30/ Oehler, G.: Biegen.
Carl Hanser Verlag, München, 1963.

/31/ Page, M.: Worm drive hose clips - a comparison of designs.
In: Design Engineering 1/1979, S. 19-20.

/32/ Niepage, P.: Zum Radialkraftverhalten von Federbandschellen bei
Temperaturschwankungen.
In: Bleche, Rohre, Profile, 35 (1988), S. 249-252.

/33/ Pieper, M.: Schläuche fachgerecht verbinden.
In: Zeitschrift für wirtschaftliche Fertigung und
Automatisierung ZWF/CIM, 83 (1988) 4, S. ZM62-ZM65.

/34/ Warnecke, H.-J.;
Schweizer, M.;
Dreher, H.: Roboterunterstütztes Montieren von Klemmschellen
und Schlauch.
In: Bänder, Bleche, Rohre, 11 (1992), S. 47-51.

/35/ Tauchert, M.: Analyse von PKW, Interne Studie der Fa. Muhr und
Bender (unveröffentlicht), Attendorn 1992.

/36/ o.V.: Statistisches Jahrbuch für die Bundesrepublik
Deutschland 1991.
Hrsg.: Statistisches Bundesamt / Wiesbaden.
Stuttgart u.a.: Kohlhammer, 1992.

/37/ Dreher, H.: Schlauchschellen - Klassifizierung und Marktübersicht
In:Ölhydraulik und Pneumatik Nr. 3, 1994.

/38/ Dreher, H.;
Weisener, T.;
Vögele, G.: Umfrage - Herstellung und Montage biegeschlaffer Teile.
Unveröffentlichte Studie am Fraunhofer-Institut für
Produktionstechnik und Automatisierung, Stuttgart 1994.

/39/ Würtz, G.: Montage von Pressverbindungen mit Industrierobotern.
Berlin u.a.: Springer, 1992.

/40/ Mc Callion, H.; u.a.:A compliant device for inserting a peg in a hole.
In: The Industrial Robot 6 (1976) 2, S. 81-87.

/41/ Schweigert, U.: Toleranzausgleichssysteme für Industrieroboter am
Beispiel des feinwerktechnischen Bolzen-Loch-Problems,
Berlin, u.a.: Springer 1992.
Zugl. Universität Stuttgart, Diss. 1991.

/42/ Fischer, G. E.: Montage von Schrauben mit Industrierobotern,
Berlin u.a.: Springer 1990.
Zugl. Universität Stuttgart, Diss. 1990.

/43/ Grund, P.: Neue Funktionsprinzipien für das maschinelle Anziehen
von Schraubenverbindungen.
In: VDI-Z 129 (1987) 4, S. 89-95.

/44/ Lechner, G.: Konstruktionslehre I, Querschnittsprobleme, Skript zur
Vorlesung, WS 84/85, Universität Stuttgart.

/45/ Kußmaul, K.: Festigkeitslehre I, Vorlesungsmanuskript, 9. Auflage 1986,
Universität Stuttgart.

/46/ Wolter, K. H.: Freies Biegen von Blechen.
VDI-Forschungsh. 435, Düsseldorf: VDI 1952.

/47/ Proksa, F.: Zur Theorie der plastischen Blechbiegung.
Diss. T.H. Hannover, 1957.

/48/ Nadai, A.: Der bildsame Zustand der Werkstoffe.
Berlin, 1927.

/49/ Renne, I. P.; Untersuchung des Rollbiegens.
Kartašov, A. F.: Deutsche Vollübersetzung aus: Kuznecno-štamporocnoe
proizvodstro, Nr. 8, S. 11-14, Moskau 1991.

/50/ Winkler, J.; Technische Mechanik.
Aurich, H.: VEB Fachbuchverlag, Leipzig 1987.

/51/ Magnus, K.; Grundlagen der Technischen Mechanik,
Müller, H.: Teubner Studienbücher, Stuttgart 1987.

/52/ Geleji, A.: Bildsame Formgebung der Metalle in Rechnung und
Versuch, Akademie-Verlag, Berlin 1960.

Lebenslauf

Zur Person:

Familienname:	Dreher
Vorname:	Herbert
Geburtstag:	22. August 1961
Geburtsort:	Ostrach
Familienstand:	verheiratet mit Andrea Dreher, geb. Dicht, Tochter Annegret
Nationalität:	deutsch
Eltern:	Dreher, Franz Xaver und Doris, geb. Restle

Schulbildung:

Aug 1968 - Juli 1972	Grundschule in Riedhausen
Sept 1972 - Juni 1975	Hauptschule in Altshausen
Okt 1975 - Mai 1981	Staatliches Aufbaugymnasium in Saulgau, Abschluß Abitur

Grundwehrdienst:

Juli 1981 - Sept 1982	2. Instandsetzungsbataillon 10 in Sigmaringen

Studium:

Okt 1982 - Juli 1989	Fachrichtung Maschinenwesen an der Universität Stuttgart
19. Juli 1989	Abschluß Diplom-Ingenieur Maschinenwesen

Berufspraxis:

Aug 1989 - Juni 1993	wissenschaftlicher Mitarbeiter am Institut für industrielle Fertigung und Fabrikbetrieb, Universität Stuttgart
	Leitung: Prof. Dr.-Ing. Dr. h. c. mult. H.-J. Warnecke
Juli 1993 - Dez 1994	wissenschaftlicher Mitarbeiter am Fraunhofer-Institut für Produktionstechnik und Automatisierung, Stuttgart
	Leitung: Prof. Dr.-Ing. Dr. h. c. mult. H.-J. Warnecke und Prof. Dr.-Ing. R. D. Schraft